Hermann Weyl

9. November 1885 – 8. Dezember 1955

Hermann Weyl

Riemanns geometrische Ideen, ihre Auswirkung und ihre Verknüpfung mit der Gruppentheorie

Herausgegeben von
K. Chandrasekharan

Veröffentlicht zusammen mit der
Eidgenössischen Technischen Hochschule
Zürich

Springer-Verlag
Berlin Heidelberg New York
London Paris Tokyo

Prof. Dr. Komaravolu Chandrasekharan
Eidgenössische Technische Hochschule Zürich
CH-8092 Zürich

Mathematics Subject Classification (1980): 51-00, 20-00, 83-00

ISBN-13: 978-3-642-73871-5   e-ISBN-13: 978-3-642-73870-8
DOI: 10.1007/978-3-642-73870-8

CIP-Titelaufnahme der Deutschen Bibliothek
Weyl, Hermann:
Riemanns geometrische Ideen, ihre Auswirkung und ihre Verknüpfung mit der Gruppen-
theorie / Hermann Weyl. Hrsg. von K. Chandrasekharan. Veröff. für d. Eidgenöss. Techn.
Hochsch., Zürich, – Berlin ; Heidelberg ; New York ; London ; Paris ; Tokyo : Springer, 1988

2144/3140-543210

Foreword

"This article was written in 1925 for an edition of Lobatschefskij's (sic) works planned by the Russian Government. I do not know whether it was published." So reads a note left behind by Hermann Weyl. The paper was not included in the list of his publications compiled, during his lifetime, for his *Selecta*. While preparing the edition of his *Gesammelte Abhandlungen*, during the years 1966–68, I made a survey of all the Weyl papers presented to the ETH, Zürich, after his passing, by Mrs. Ellen Weyl. Among them was this manuscript, together with a letter from Professor Dr. Egoroff dated 20 July 1925, written on behalf of the Editorial Committee for the publication of Lobatschewsky's (sic) Collected Works, from the Mathematical Institute of Moscow University, thanking Weyl for agreeing to write the "promised" article in a short while, and expressing agreement with its intended title and content. Receipt of the manuscript was acknowledged by Professor Kagan in a letter dated 9 September 1925. Weyl's note and the letters of Egoroff and Kagan together accounted for the decision not to include the article, as such, in the *Gesammelte Abhandlungen*.

Following confirmation of the fact that it was not published in Lobatschewsky's Collected Works, and in response to the surge of interest in the article resulting from the announcement of its existence in the centenary volume *Hermann Weyl 1885–1985*, the original is now published by kind permission of Mrs. Ellen Weyl.

Written in Weyl's finest style, while he was rising forty, the article is an authentic report on the genesis and evolution of those fundamental ideas that underlie the modern conception of geometry. Part I is on the Continuum, and deals with analysis situs, imbeddings, and coverings. Part II is on Structure, and deals with infinitesimal geometry in its many aspects, metric, conformal, affine, and

III

projective; with the question of homogeneity, homogeneous spaces from the group-theoretical standpoint, the rôle of the metric in field theories in physics, and the related problems of group theory.

It is hoped that this article will be of interest to all those concerned with the growth and development of topology, group theory, differential geometry, geometric function theory, and mathematical physics. It bears the unmistakable imprint of Weyl's mathematical personality, and of his remarkable capacity to capture and delineate the transmutation of some of the nascent into the dominant ideas of the mathematics of our time.

Zürich, 8 May 1988   K. Chandrasekharan

... history is a pattern
of timeless moments ...

T. S. Eliot

Inhalt

Die Entwicklung einer andern Geometrie als der euklidischen durch Lobatschefskij und Bolyai, die Widerlegung des euklidischen Schemas als des allein möglichen, und die Aufstellung der Infinitesimalgeometrie auf einer krummen Fläche in Gaussens Disquisitiones circa superficies curvas waren notwendige Vorbedingungen für die Erzeugung jener modernen geometrischen Ideen, die sich in reicher Fülle zuerst in Riemanns Schriften entfalteten. Es soll hier versucht werden, diese Ideen, die nicht nur in seinem berühmten Habilitationsvortrag „Über die Hypothesen, welche der Geometrie zugrunde liegen" enthalten, sondern von denen auch Riemanns funktionentheoretische Arbeiten durchtränkt sind, in ihrer gegenseitigen engen Verknüpfung zu schildern. Gerade bei Riemann, der an gedanklicher Durchdringung mathematischer Probleme nicht seinesgleichen hat, lohnt es sich, der zugrunde liegenden einheitlichen Konzeption nachzuspüren.

I. Teil. Kontinuum

§ 1. Begriff der n-dimensionalen Mannigfaltigkeit

Riemann hat zuerst versucht, die allgemeine Idee einer stetigen n-dimensionalen Mannigfaltigkeit mathematisch zu formulieren. Die Elemente einer solchen Mannigfaltigkeit brauchen nicht Punkte zu sein, sie können wie Riemann sich ausdrückt, durch irgend einen Allgemeinbegriff umschrieben sein, der verschiedene Bestimmungsweisen zuläßt. Als Beispiel nennt er neben den Orten der Sinnendinge die Farben. Aber erst in der höheren Mathematik finde sich häufigere Veranlassung zur Erzeugung und Ausbildung von Begriffen, deren Bestimmungsweisen eine stetige Mannigfaltigkeit bilden. (Es sei etwa an die Mannigfaltigkeit aller Geraden im Raum erinnert oder aller Flächenklassen 2. Ordnung – wobei zwei Flächen in dieselbe Klasse gerechnet werden sollen, wenn sie kongruent sind.) Als Kennzeichen einer stetigen Mannigfaltigkeit im Gegensatz zur diskreten gibt Riemann dies an, daß in ihr ein stetiger Übergang zwischen irgend zwei Elementen möglich sei.

In moderner Formulierung fällt der Begriff der Mannigfaltigkeit (abgekürzt: Mf) geradezu mit dem der Menge zusammen; die Elemente der Menge mögen fortan als Punkte bezeichnet werden. Die Mf ist stetig, wenn die Punkte so miteinander verwachsen sind, daß es unmöglich ist, einen Punkt für sich herauszuheben, vielmehr immer nur zusammen mit einem vag begrenzten ihn umgebenden Hof, mit einer „Umgebung". Mathematisch ist das so zu fassen: Jedem Punkte P entspricht eine Folge von Teilmengen der Mannigfaltigkeit $U_1(P)$, $U_2(P)$, ...; $U_n(P)$ heißt die n^{te} Umgebung von P. Man versteht also den Sinn der Relation zwischen zwei Punkten P, Q und der natürlichen Zahl n: „Der Punkt Q liegt in der n^{ten} Umgebung von P."

2

Vorausgesetzt wird: P ist Element jedes $U_n(P)$; $U_{n+1}(P)$ ist in $U_n(P)$ ganz enthalten; zu irgend zwei voneinander verschiedenen Punkten P, Q der Mf kann ein so hoher Index gefunden werden, daß die n^{te} Umgebung von P und die n^{te} Umgebung von Q punktfremd sind. – Mit Hilfe der Umgebungen lassen sich alle Stetigkeitsbegriffe erklären, wie stetige Kurve, stetige Ortsfunktion auf der Mf $\mathfrak{M}$, abgeschlossene Menge, Gebiet. Eine Punktmenge $\mathfrak{A}$ auf $\mathfrak{M}$ heißt z. B. ein Gebiet, wenn zu jedem Punkt P von $\mathfrak{A}$ ein Index n gehört, derart daß die ganze Umgebung $U_n(P)$ zu $\mathfrak{A}$ gehört. Ein Gebiet ist zusammenhängend, wenn sich seine Punkte nicht auf zwei Gebiete verteilen lassen – oder wenn irgend zwei seiner Punkte durch eine ganz im Gebiete verlaufende stetige Kurve verbunden werden können. Riemann setzt in seiner oben wiedergegebenen Erklärung voraus, daß die Mf selber in diesem Sinne ein zusammenhängendes Gebiet ist. – Die Erklärung der Stetigkeit durch den Umgebungsbegriff leidet an dem Übelstand, daß der letztere durch die stetige Mannigfaltigkeit nicht willkürlos bestimmt ist. So kann man unter der n^{ten} Umgebung eines Punktes P der gewöhnlichen Ebene das Innere des um P beschriebenen Kreises vom Radius 2^{-n} verstehen, aber auch das Innere des zu einer fest vorgegebenen Richtung parallel orientierten Quadrats von der Seitenlänge $\frac{1}{n}$, dessen Mittelpunkt P ist. Man vermeidet diese Willkür, wenn man als Grundbegriff den des *Gebietes* statt der Umgebung wählt. Er muß den folgenden Forderungen genügen: Der Durchschnitt zweier Gebiete und die Vereinigung irgend einer Menge von Gebieten ist wieder ein Gebiet; zu zwei verschiedenen Punkten P, Q existieren stets punktfremde Gebiete, deren eines P, deren anderes Q enthält.

Der Prototyp der eindimensionalen stetigen Mannigfaltigkeit ist die Gesamtheit der reellen Zahlen x (Zahlgerade), der Prototyp der zweidimensionalen die Gesamtheit der reellen Zahlenpaare (x, y) (Zahlenebene), usw. Man kann sagen, daß die Zahlenebene, der Zahlenraum, ... durch einen Prozeß der Multiplikation, des Ineinandersteckens aus dem arithmetischen Fundamentalkontinuum der reellen Zahlen entstehen. Unter dem Produkt zweier Mf $\mathfrak{M}$, $\mathfrak{M}'$ versteht man dabei[1] die Gesamtheit der Punktepaare (P, P') deren erstes Glied P zu $\mathfrak{M}$, deren zweites P' zu $\mathfrak{M}'$ gehört. (Q, Q') liegt in der

---

[1] Steinitz, Sitzungsber. Berl. Math. Gesellsch. 7 (1908), p. 29.

n^{ten} Umgebung von (P, P') wenn Q in der n^{ten} Umgebung von P und zugleich Q' in der n^{ten} Umgebung von P' liegt. An dem „n-dimensionalen Zahlenraum" Z_n messen wir eine beliebige Mf $\mathfrak{M}$, wenn wir die Definition aufstellen: $\mathfrak{M}$ heißt n-dimensional, wenn sich jede Umgebung $U_\nu(P)$ $(\nu = 1, 2, \ldots)$ eines Punktes P von $\mathfrak{M}$ eindeutig und stetig auf Z_n abbilden läßt. Was dabei stetig heißt, wird durch den Umgebungsbegriff selber festgelegt. So hat im wesentlichen schon Hilbert in seinen beiden Arbeiten über die Grundlagen der Geometrie aus dem Jahre 1902 (Göttinger Nachrichten 1902 und Mathem. Annalen Bd. 56) die n-dimensionale Mf erklärt. Nur fordert er dort lediglich die eindeutige Abbildbarkeit, fügt aber hinzu: Liegen verschiedene solche Bilder einer Umgebung vor, so ist die dadurch vermittelte eindeutige Transformation der Zahlenebene in sich selbst stetig. Er postuliert also eine dieser Forderung genügende Einschränkung des Begriffes der Abbildung, zeigt aber nicht, wie dem Postulate genügt werden kann. Es scheint, als ob erst Verf. in seinem Buche „Die Idee der Riemannschen Fläche" 1913 bemerkte, daß sich durch Umgebungsbegriff selber die Forderung der Stetigkeit der Abbildung erfassen läßt. Systematischer ist dieser Gedanke dann durchgeführt worden von Hausdorff in seinen „Grundzügen der Mengenlehre" (1914).[2]

Durch die Abbildung auf den Zahlenraum werden in direktester Weise Koordinaten in die Mf eingeführt, und zwar so, daß als gleichmöglich alle Koordinatensysteme erscheinen, die durch eindeutige stetige Transformation auseinander hervorgehen. Damit wird der Koordinatenbegriff losgelöst von allen speziellen Konstruktionen, an welche er früher in der Geometrie gebunden war. In der Sprache der Relativitätstheorie heißt das: Die Koordinaten werden nicht *gemessen*, ihre Werte werden nicht abgelesen an realen Maßstäben, die auf die physikalischen Zustandsfelder und die metrische Struktur in bestimmter Weise reagieren, sondern sie werden a priori willkürlich in die Welt hineingelegt, um relativ dazu jene Zustandsfelder einschließlich der metrischen Struktur zahlenmäßig charakterisieren zu können. Die metrische Struktur wird dadurch gleichsam vom Raume abgelöst, sie wird zu einem in dem zurückbleibenden strukturlosen Raume existierenden *Feld*. Deutlicher tritt dadurch der

---

[2] Kap. VII und VIII vor allem p. 213. Vergl. auch Weyl, Das Kontinuum (1918), Kap. II, § 8.

Raum als Form der Erscheinungen seinem realen Inhalt gegenüber: der Inhalt wird gemessen, nachdem die Form willkürlich auf Koordinaten bezogen ist. [Die Mengenlehre, kann man sagen, geht darin noch weiter; sie reduziert die Mf auf eine Menge schlechthin und betrachtet auch den stetigen Zusammenhang schon als ein in ihr bestehendes Feld. Es ist aber wohl sicher, daß sie dadurch gegen das Wesen des Kontinuums verstößt, als welches seiner Natur nach gar nicht in eine Menge einzelner Elemente zerschlagen werden kann. Nicht das Verhältnis von Element zur Menge, sondern dasjenige des Teiles zum Ganzen sollte der Analyse des Kontinuums zugrunde gelegt werden. Wir kommen darauf sogleich zurück.] – Daß eine n-dimensionale Mf nicht zugleich eine m-dimensionale Mf sein kann $(n > m)$, wurde von Brouwer mengentheoretisch streng bewiesen; der n-dimensionale Zahlenraum läßt sich nämlich nicht stetig so innerhalb des m-dimensionalen abbilden, daß verschiedene Punkte des Z_n immer in verschiedene Punkte des Z_m übergehen.

Ein wichtiges mathematisches Beispiel für zweidimensionale Mf liefern die monogenen analytischen Funktionen. Als „Punkte" fungieren dabei die durch Potenzreihen definierten Weierstraß'schen Funktionselemente. Die volle Umgebung eines Funktionselementes wird gebildet von allen Funktionselementen, die aus ihm durch unmittelbare analytische Fortsetzung gewonnen werden können; ihre Mittelpunkte erfüllen den Konvergenzkreis. Man beschränkt sich auf eine engere Umgebung, wenn man nur diejenigen Funktionselemente der vollen Umgebung beibehält, deren Mittelpunkte einem zum Konvergenzkreis konzentrischen kleineren Kreise angehören. Die Riemannsche Fläche einer monogenen analytischen Funktion ist in erster Linie nichts anderes als die so erklärte stetige Mf, bzw. irgend ein topologisches Abbild davon, das insbesondere auch aus einem vorstellbaren räumlichen Modell bestehen kann. Hier knüpft sich bereits das Band zwischen Riemanns Infinitesimalgeometrie und Funktionentheorie.

Schon Riemann hat das Bedürfnis gefühlt, die Voraussetzungen näher zu analysieren, welche die Möglichkeit der eindeutigen Abbildung auf den Zahlenraum gewährleisten. Bei dem elementaren axiomatischen Aufbau der euklidischen Geometrie ist in der Tat die Konstruktion des cartesischen Koordinatensystems, welche auf die in den Axiomen ausgesprochenen metrischen Eigenschaften des Raumes gegründet wird, erst die letzte Konsequenz, die Krönung des Ganzen.[3] Man mag es als einen Vorzug der elementaren Geometrie betrachten, daß ihr axiomatischer Aufbau der Untersuchung des allgemeinen Riemannschen Koordinatenbegriffs überhoben ist; immerhin ist zu bedenken, daß man auch in der Geometrie des dreidimensionalen euklidischen Raumes seiner nicht entraten kann, sobald man in ihr den Begriff der allgemeinen Raumfläche einführen will. Davon wird noch zu sprechen sein. – Riemanns Methode besteht in Folgendem: er nimmt eine stetige Ortsfunktion φ auf der Mf, die in keinem Teilgebiet konstant ist, betrachtet die „Flächen" $\varphi = $ const. und denkt sich, daß diese Flächen, während const. alle Werte durchläuft, „in bestimmter Weise" ineinander übergeführt werden, d. h. so, daß jeder Punkt der einen in einen bestimmten Punkt der andern übergeht. Es ist aber nicht klar, wie dieses Verfahren, durch welches die gegebene Veränderlichkeit in eine solche von weniger Dimensionen ($\varphi = $ const.) und eine solche von 1 Dimension (Veränderlichkeit von const.) zerlegt wird, durchgeführt werden soll. Als Kennzeichen eines eindimensionalen Kontinuums gibt Riemann an, daß es durchlaufen werden kann, d. h. daß es stetiges Abbild einer (Zeit-) Strecke ist. Eine Strecke aber ist ein Kontinuum, das durch jeden seiner Punkte in zwei Teile zerfällt.

An die letzte Bemerkung knüpft Poincaré an auf der Suche nach einem natürlichen Dimensionsbegriff, der nur die Elemente der Mf selber benutzt und sie nicht zu dem fertig ausgebildeten arithmetischen Kontinuum der reellen Zahlen in Beziehung setzt. Für ihn besteht die naturgemäße Beschreibung des n-dimensionalen Kontinuums darin, daß es durch eine oder mehrere auf ihm gelegene $(n-1)$-dimensionale Kontinua zerlegt werden kann.[4] Das läuft offenbar auf eine rekursive Definition hinaus, die zu verankern ist in dem Begriff: nulldimensionale Mannigfaltigkeit = Punkt. Schon Helmholtz hatte die Zweidimensionalität des Gesichtsfeldes damit begründet, daß es durch Linien in getrennte Stücke zerlegt werden kann. Zur strengeren Durchführung bezeichne man wie oben als Mf eine Menge, unter deren Teilmengen gewisse den früheren Forderungen gemäß als Gebiete ausgezeichnet sind. Jede Teilmenge $\mathfrak{M}'$ einer

---

[3] Vergl. dazu die Bemerkungen von Klein im Gutachten zur ersten Verteilung des Lobatschefskij-Preises, Bull. Soc. physico-math. Kazan (2) 8 (1898); Ges. Abhandlg. I, p. 388–389. Inzwischen hat sich die Situation, glaube ich, merklich verschoben.

[4] La valeur de la Science (Paris 1911), p. 73.

6

Mf $\mathfrak{M}$ ist dann gleichfalls ein Mf, wenn unter einem Gebiet auf $\mathfrak{M}'$ der Durchschnitt eines jeden Gebietes auf $\mathfrak{M}$ mit der Menge $\mathfrak{M}'$ verstanden wird. Brouwer verschärft Poincarés „natürlichen" Dimensionsbegriff dahin:[5] $\mathfrak{M}$ hat *höchstens den Dimensionsgrad n*, wenn zu irgend zwei fremden abgeschlossenen Mengen $\mathfrak{A}$, $\mathfrak{B}$ auf $\mathfrak{M}$ immer eine abgeschlossene Menge $\mathfrak{M}'$ sich finden läßt, die höchstens den Dimensionsgrad $n - 1$ besitzt und $\mathfrak{A}$ von $\mathfrak{B}$ trennt. Das Letztere bedeutet, daß keines der durch $\mathfrak{M}'$ auf $\mathfrak{M}$ bestimmten zusammenhängenden Gebiete zugleich Punkte von $\mathfrak{A}$ und $\mathfrak{B}$ enthält. „Höchstens vom Dimensionsgrad -1" sei die leere Menge und nur diese. *Vom Dimensionsgrad n* (≥ 0) ist eine Mf, die höchstens vom Dimensionsgrad n, aber nicht höchstens vom Dimensionsgrad $n - 1$ ist. [Daraus folgt u. a., daß vom Dimensionsgrad 0 eine nicht-leere Mf $\mathfrak{M}$ dann ist, wenn jedes ihrer Gebiete nur aus einem einzigen Punkt besteht; eine zusammenhängende nulldimensionale Mf ist also der einzelne Punkt.] In etwas anderer Weise faßt neuerdings Menger den Dimensionsbegriff;[6] er operiert mit den Umgebungen und nicht mit den Gebieten und verlangt von einer höchstens n-dimensionalen Mf im wesentlichen, daß die Berandung einer jeden Umgebung höchstens $(n - 1)$-dimensional sein soll. Beide Erklärungen sind invariant gegenüber topologischen Abbildungen und treffen zu für den n-dimensionalen Zahlenraum. Sie sind aber insofern zu weit, als man aus ihnen nicht rückwärts die Möglichkeit der topologischen Abbildung auf den Z_n erschließen kann. Zu einem vollständigeren Resultat scheint man nur gelangen zu können, wenn man das Kontinuum nicht als Gesamtheit einzelner Punkte faßt, zwischen denen die Umgebungsbeziehungen bestehen, sondern als ein Gebilde, das fortgesetzter Teilungen fähig ist, ohne daß man je auf letzte, nicht mehr teilbare Elemente stößt.

Handelt es sich etwa um eine zweidimensionale geschlossene Mf, so denken wir uns diese irgendwie in endlichviele Elementar-Flächenstücke zerschnitten. Die Berandung jedes Stückes F erscheint dabei als ein Polygon; längs einer Seite des Polygons grenzt F an ein bestimmtes anderes Flächenstück, in einer Ecke stoßen drei oder mehr Flächenstücke zusammen. Wir erhalten so ein zweidimensionales Teilungsschema: $\Sigma = \Sigma_0$. Es besteht aus endlichvielen Elemen-

---

[5] Journal f. Math. 142 (1913), p. 146–152.
[6] Monatsh. f. Math. u. Physik 34 (1924), p. 138.

ten 0., 1., 2. Stufe (Ecken, Seiten, Flächenstücken); jedes Element 1. oder 2. Stufe wird begrenzt von gewissen Elementen niederer Stufe. Die Angaben darüber bilden den wesentlichen Inhalt des Schemas. Die weitere Teilung soll nun nach einer festen Vorschrift vonstatten gehen: jede Seite wird durch einen auf ihr gewählten neuen Eckpunkt in zwei Seiten zerlegt; innerhalb jedes Flächenstücks wird ein neuer Eckpunkt gewählt und mit den alten und neuen Ecken auf seiner Berandung durch neue, im Flächenstück verlaufende Seiten verbunden. Dadurch zerfällt das alte Flächenstück in doppelt soviel neue, als seine Seitenanzahl betrug; die neuen Flächenstücke sind übrigens Dreiecke. Dieser Prozeß der Normalteilung wird zum 2., zum 3. Mal, ... in infinitum wiederholt; es leiten sich dadurch aus Σ_0 der Reihe nach die feineren Schemata $\Sigma_1, \Sigma_2, \ldots$ ab. Der Prozeß muß so geführt werden, daß bei fortgesetzter Teilung die entstehenden Dreiecke schließlich allseitig unendlich klein werden, daß durch Angabe eines Teildreiecks in einem Teilungsschema Σ_n hinreichend hoher Ordnung n die Lage eines mit beschränkter, aber beliebig großer Genauigkeit vorgegebenen Punktes auf der Mf unzweideutig bezeichnet ist. In der Möglichkeit, eine derartige Teilung in inf. durchzuführen, geben sich die im anfänglichen Schema Σ auftretenden Flächenstücke als elementare, als „einfach zusammenhängende" Flächenstücke zu erkennen. Erst auf Grund eines solchen Teilungsnetzes, das die Mf mit immer feineren Maschen überzieht, kann Mathematik auf sie angewendet werden. In der Wirklichkeit muß man sich vorstellen, daß die Teilung auf der 0ten Stufe Σ_0 nur vage, mit einer beschränkten Genauigkeit gegeben ist; denn eine exakte Teilung widerspricht dem Wesen des Kontinuums. Aber bei fortschreitender Teilung soll sich auch die Genauigkeit, mit der die anfänglichen Ecken und Seiten und die auf den vorhergehenden Stufen neu eingeführten festgelegt sind, unbegrenzt steigern. Von diesem Standpunkt aus ist das Kontinuum der reellen Zahlen nur ein einzelner, nicht besonders ausgezeichneter Fall. Das ihm korrespondierende Teilungsschema besteht aus einer beiderseitig unendlichen alternierenden Folge von Elementen 0. und 1. Stufe (e_0 und e_1),

$$\ldots, e_0, e_1, e_0, e_1, e_0, e_1, \ldots,$$

in welcher jedes e_1 durch das nächstvorhergehende und nächstfolgende e_0 begrenzt wird. Der immer wiederholte Prozeß der Normal-

8

teilung entspricht der Dualbruchentwicklung. Es ist dabei gleichgültig, ob die entstehenden Intervalle e_1 gleichlang sind und daß überhaupt ein derartiger Begriff des „gleichlang" existiert; das arithmetische Kontinuum hat damit nichts zu tun. Erst bei der Durchführung des Schemas an einer räumlichen Geraden oder an der Zeit mag die entweder nur der Größenordnung nach oder mit immer wachsender Genauigkeit vorzunehmende Längenvergleichung dazu dienen, die Teilintervalle so festzulegen, daß ihr Unendlichklein-werden mit wachsender Teilungsstufe garantiert ist. Jedes Teilungsschema definiert ein arithmetisches Kontinuum sui generis. Daß man das Bestreben hat, sie alle durch Einführung von Koordinaten auf das eben geschilderte besondere Teilungsschema zurückzuführen, ist sachlich unberechtigt, aber zweckmäßig wegen der in den arithmetischen Operationen (Addition, Multiplikation usw.) zutage tretenden kalkulatorischen Bequemlichkeit des Zahlkontinuums.

Bereits Möbius konstruierte zweidimensionale Mannigfaltigkeiten dadurch, daß er sie aus Dreiecken „ideal zusammensetzte", indem er angab, welche Seiten mit welchen Seiten zur Deckung gebracht werden sollten, unbekümmert darum, ob diese Zusammenfügungen im gewöhnlichen Raume ausführbar sind.[7] In der komplexen Funktionentheorie hat sich erst auf Grund eines wichtigen Beispiels von Dedekind (Modulfigur)[8] durch Klein der Gedanke durchgesetzt, Fundamentalbereiche in dieser Weise zu definieren, wobei in den meisten Fällen die Ränderzuordnung durch lineare Substitutionen bewerkstelligt wird. Deutlich erschienen in den kurzen Erklärungen, welche Brouwer seinen bekannten Beweisen der grundlegenden Sätze der Analysis situs vorausschickte,[9] nicht die Punkte, sondern die Elementarstücke als die Bausteine, aus denen die Mf zusammengesetzt wird.

Die Teilung Σ_0 und den daran anschließenden iterierten Prozeß der Normalteilung kann man rein schematisch-kombinatorisch beschreiben; man gewinnt so die arithmetische Leerform eines Kontinuums, wie es z. B. das gewöhnliche Zahlkontinuum ist. Die einzelne Normalteilung besteht hier darin, daß *jedes* Element von Σ_0 zu einem

---

[7] Werke Bd. II, p. 478 f.
[8] Journ. f. Math. 83 (1877), p. 274 ff. Vergl. aber schon Art. 12 von Riemanns „Theorie der Abelschen Funktionen", Werke p. 121.
[9] Vor allem Math. Annalen 71 (1912), p. 97.

Element 0ter Stufe in Σ, wird, ein Paar sich gegenseitig begrenzender Elemente (e_i, e_k) von Σ_0 ein Element 1ter Stufe von Σ_1 ergibt, das von den Elementen 0ter Stufe e_i und e_k in Σ_1 begrenzt wird; u.s.f.[10] Eine Schwierigkeit tritt bei höherer Dimensionszahl auf: es ist zu fordern, daß diejenigen Elemente niederer Stufe, welche ein Element n^{ter} Stufe begrenzen, mögliches Teilungsschema nicht einer beliebigen $(n-1)$-dimensionalen Mf, sondern insbesondere einer $(n-1)$-dimensionalen *Kugel* im n-dimensionalen euklidischen Raum bilden. Und es ist bisher nicht gelungen, für $n \geq 4$ die kombinatorischen Bedingungen dafür zu ermitteln.[11] Da sich die kombinatorische Topologie jedoch immer nur so weit wird entwickeln lassen, als solche Bedingungen ausfindig gemacht worden sind, habe ich einen axiomatischen Weg vorgeschlagen: man formuliere einerseits die bekannten Eigenschaften der Kugelschemata, andererseits die bekannten Konstruktionen, welche sicherlich aus gegebenen Kugelschemata neue erzeugen, als Axiome, wobei man sich vorbehält, dieses Axiomensystem im Laufe der historischen Entwicklung fortgesetzt zu ergänzen, bis hoffentlich eines Tages die Eigenschaftsaxiome, welche den Begriff des Kugelschemas nach oben, und die genetischen Axiome, welche ihn nach unten begrenzen, zu einer eindeutigen Bestimmung führen.[12]

Die Anwendung der arithmetischen Kontinuitätsformen auf anschaulich vorgelegte Kontinua läßt sich natürlich mathematisch gar nicht allgemein und einwandfrei erfassen. Einen Ersatz mag man dafür in der kürzlich von P. Alexandroff[13] gegebenen Anweisung erblicken, wie man einen mengentheoretisch, etwa durch die Auszeichnung der Gebiete unter allen Teilmengen, gegebenen Punktraum R dem Teilungsschema unterwirft – obschon ich keineswegs zugeben kann, daß man von einem mengentheoretischen Punktraum besser als von einem Teilungsschema verstünde, wie er zur Darstel-

---

[10] Vergl. etwa Weyl, Math. Zeitschr. 10 (1921), p. 78.

[11] Obschon es natürlich möglich ist, auf Grund der fortgesetzten Normalteilung ein rein arithmetisches unendliches (nicht endlich-kombinatorisches) Kriterium dafür herzuleiten.

[12] Analisis situs combinatoria, Revista Mat. Hisp.-Amer. Bd. 5/6, Sept. 1923–März 1924. Vergl. ferner dazu den Enzyklopädie-Artikel über Analysis situs von Dehn und Heegaard (1907); O. Veblen, Analysis situs, The Cambridge Colloquium 1916, Part II (New York 1922).

[13] Math. Annalen 94 (1925), pp. 296–308.

lung eines in concreto vorhandenen Kontinuums zu verwenden sei. Schon früher hatte sich herausgestellt, daß der allgemeine punktmengentheoretische Begriff der zweidimensionalen Mf nur dann zu fruchtbaren mathematischen Konsequenzen führt, wenn die Einschränkung hinzugefügt wird, daß die Mf sich „triangulieren" lasse. Da nach einmaliger Durchführung der Normalteilung nur Simplexe (im zweidimensionalen Fall Dreiecke) als Stücke der Mf auftreten, ist es zweckmäßig, von vorn herein die Elementarflächenstücke als Simplexe anzunehmen. Wir charakterisieren ein solches n-dimensionales Simplex S_n einfach durch die $n + 1$ voneinander verschiedenen Punkte des Raumes R, die seine Ecken sind. Wir haben also zunächst ein endliches System solcher $(n + 1)$-gliedriger Punktgruppen S_n. Darauf wird zur Durchführung der Normalteilung jedem dieser S_n und den in der Punktgruppen S_n enthaltenen $S_{n-1}, \ldots, S_0$ ein Punkt als ihr Schwerpunkt zugeordnet; es ist dabei nur vorauszusetzen, daß der Schwerpunkt eines S_0 der einzige Punkt selber ist, aus welchem S_0 besteht. Es ist leicht zu beschreiben, wie diese neu eingeführten Schwerpunkte mit den früheren Punkten zu Simplexen zusammengefaßt werden müssen, welche als „Teile" der S_n fungieren. Indem man so fortfährt, füllen sich allmählich die Raumstücke S_n und die sie voneinander trennenden Linien-, Flächen-, usw. -Stücke mit Punkten. Ist anfänglich nur ein einziges S_n gegeben, so lassen sich die Bedingungen dafür angeben, daß dieser ins Unendliche verlaufende Prozeß immer neuer Normalteilungen den vorgelegten Raum mit seinen Maschen überall dicht bezieht und R sich also eindeutig und stetig auf ein n-dimensionales euklidisches Simplex abbilden läßt. Erst auf diesem Wege erreicht man eine vom Zahlbegriff unabhängige vollständige mengentheoretische Analyse des Begriffs der n-dimensionalen Mf. Die Möglichkeit, durch fortgesetzte Schwerpunktsbestimmungen im Prozeß der Normalteilung den erwähnten Bedingungen zu genügen, ist freilich eine recht verwickelte Forderung; sie wird aber kaum wesentlich zu reduzieren sein.

Durch die vorstehend geschilderten, heute in lebhaftester Bewegung befindlichen Untersuchungen dürfte der Begriff der stetigen Mf in mathematischer Hinsicht einigermaßen geklärt sein. Zwei Koordinatensysteme auf einer stetigen Mf gehen durch stetige Transformation ineinander über. Aber für Riemanns Betrachtungen über das Raumproblem, gleicherweise in Einsteins allgemeiner Relativitätstheorie, ist es wesentlich, daß mit den *Differentialen* der Koordinaten operiert wird; d. h. es muß eine solche Einschränkung des Koordinatenbegriffs vorliegen, daß die zwischen irgend zwei Koordinatensystemen vermittelnden Transformationsfunktionen nicht bloß stetig, sondern auch stetig differenzierbar sind. Dies hat zur Folge, daß im „Unendlichkleinen" die Verhältnisse der elementaren linearen Geometrie herrschen, die ja auf Grund spezieller Konstruktionen über einen den Kreis der linearen Transformationen nicht verlassenden Koordinatenbegriff verfügt. Man darf diese Voraussetzung der stetigen Differenzierbarkeit keineswegs auf die leichte Achsel nehmen; denn sie sagt eben aus, daß in kleinen Bereichen mit beträchtlicher Genauigkeit die elementare Geometrie gilt. Man wird sie also kaum erfassen können, ohne alle die der elementaren Geometrie eigentümlichen Strukturbegriffe und die auf sie bezüglichen in den elementaren Axiomen formulierten Tatsachen heranzuziehen, wobei hinzuzufügen ist, daß die Begriffe für einen endlichen Bereich einen gewissen Grad von Vagheit behalten und die Tatsachen nur approximative Geltung besitzen – doch so, daß bei Zusammenziehung des Bereiches auf einen Punkt die Exaktheit unbegrenzt wächst. Es bleibt ein Problem, wie dieser Sachverhalt in seiner realen Bedeutung präzis zu formulieren ist. Es muß zugegeben werden, daß für diese Frage nach der Bedeutung der Differentialrechnung in ihrer Anwendung auf die Wirklichkeit noch fast nichts geleistet ist. Der heutige Zustand der Physik legt es nahe, jene Vagheit durch einen Wahrscheinlichkeitsansatz wiederzugeben.

§ 2. Analysis situs

Die Koordinatendarstellung lehrt, daß „in Kleinen" alle n-dimensionalen strukturlosen Mannigfaltigkeiten einander gleich sind; hier gibt es keine topologischen Invarianten außer der Dimensionszahl. Aber im Großen treten tiefgreifende Unterschiede auf; ihre Erforschung bildet den Gegenstand der Analysis situs. Die wichtigsten Begriffe derselben und einige grundlegende Resultate über die Topologie der zweidimensionalen Mf sind von Riemann aufgestellt worden. Und man weiß, mit welch glänzendem Erfolg er von der Vogelperspektive der Analysis situs aus die verwickelten Zusammenhänge der algebraischen Funktionen und ihrer Integrale auf einer

Riemannschen Fläche überschauen und klarlegen konnte. Die Analysis situs bildet nach Riemann „einen allgemeinen von Maßbestimmungen unabhängigen Teil der Größenlehre, wo die Größen nicht als unabhängig von der Lage existierend und nicht als durch eine Einheit ausdrückbar, sondern als Gebiete in einer Mannigfaltigkeit betrachtet werden"; man kann in ihr „zwei Größen nur vergleichen, wenn die eine ein Teil der andern ist, und auch dann nur das Mehr oder Weniger, nicht das Wieviel entscheiden. Solche Untersuchungen", fährt er in seinem Habilitationsvortrag fort, „sind für mehrere Teile der Mathematik, namentlich für die Behandlung der mehrwertigen analytischen Funktionen ein Bedürfnis geworden, und der Mangel derselben ist wohl eine Hauptursache, daß der berühmte Abel'sche Satz und die Leistungen von Lagrange, Pfaff, Jacobi für die allgemeine Theorie der Differentialgleichungen so lange unfruchtbar geblieben sind."

Schon der Cauchy'sche Integralsatz zeigt die Wichtigkeit topologischer Verhältnisse für die Funktionentheorie, da seine Gültigkeit an die einfach zusammenhängenden Gebiete gebunden ist. Riemann stellte den allgemeinen Begriff der Zusammenhangszahl von zweidimensionalen Gebieten auf; sie ist die Anzahl sukzessiver Querschnitte, die geführt werden können, bis das Gebilde zerfällt. Und er zeigt, daß diese Anzahl von der Zahl der Querschnitte unabhängig ist, indem er die beiden zu vergleichenden Querschnittsysteme gleichzeitig anbringt. Auf den geschlossenen zweiseitigen Flächen konstruiert er die kanonische Zerschneidung, welche topologisch und funktionentheoretisch gleich fundamental ist. Ein nachgelassenes Fragment behandelt die Anfänge der n-dimensionalen Analysis situs.

Zur strengen Fassung der Begriffe muß man von dem Teilungsschema Σ ausgehen. Alle Größen werden zunächst an diesem Teilungsschema erklärt, und es ist der Nachweis zu führen, daß sie ihren Wert nicht ändern, wenn man Σ durch ein Schema ersetzt, das aus ihm durch Unterteilung hervorgeht. Der kombinatorische Begriff der Unterteilung ergibt sich leicht aus dem des Kugelschemas: zur Teilung eines in Σ auftretenden Elementes n^{ter} Stufe e_n benutzt man ein n-dimensionales Kugelschema K_n, das e_n und die e_n begrenzenden Elemente, sonst aber nichts mit Σ gemein hat, löscht e_n in Σ aus und ersetzt es durch die übrigen Elemente von K_n. Als homöomorph im kombinatorischen Sinne werden zwei Schemata Σ, Σ' zu gelten haben, die sich beide durch Unterteilung in ein und dasselbe dritte

Schema verwandeln lassen. Es ist zwar wahrscheinlich, jedoch bisher nicht bewiesen, daß die Homöomorphie nicht bloß eine hinreichende, sondern auch eine notwendige Bedingung dafür ist, daß die beiden Kontinua, welche aus Σ und Σ' durch den oben geschilderten immer wiederholten Prozeß der Normalteilung hervorgehen, sich eindeutig und stetig aufeinander abbilden lassen; es ist gegenwärtig also noch zweifelhaft, ob die kombinatorischen Invarianten gegenüber Homöomorphie wirkliche topologische Invarianten vorstellen. So besteht der Gegensatz von geschlossen und offen kombinatorisch darin, daß das Schema Σ endlichviele oder abzählbar unendlichviele Elemente enthält. Man erkennt leicht, daß im ersten und nur im ersten Fall jede unendliche Punktmenge auf dem zugehörigen Kontinuum einen Häufungspunkt besitzt; und damit ist erkannt, daß jener Gegensatz topologischer Natur ist. Analog wird man immer zu verfahren suchen: ein kombinatorisches Merkmal des Teilungsschemas, das durch Unterteilung nicht zerstört wird, umsetzen in eine evidentermaßen gegenüber eindeutigen stetigen Abbildungen invariante Eigenschaft des zugehörigen Kontinuums.

Die Zusammenhangszahl läßt sich kombinatorisch am besten erklären mit Hilfe der Homologien, die zwischen geschlossenen Wegen auf dem Teilungsschema bestehen. Ein Weg ist eine Aneinanderkettung von Strecken des Schemas, Wege kann man addieren und mit ganzen Zahlen multiplizieren. Ein Weg ist homolog 0, der ein aus endlichvielen Elementen 2. Stufe des Schemas bestehendes Gebiet begrenzt. Die Zusammenhangszahl gibt an, wie viele im Sinne der Homologie voneinander linear unabhängige Wege existieren. Im Falle der n-dimensionalen Mf bekommt man eine ganze Serie solcher Zusammenhangszahlen, da man nicht nur „Wege" betrachten kann, die aus Elementen 1. Stufe bestehen, sondern auch solche aus Elementen 2., 3., …, Stufe. Unabhängig von Riemann hat zuerst Betti diese Verallgemeinerung vorgenommen, zu völliger Klarheit gelangte jedoch erst Poincaré in seinen fundamentalen Arbeiten über Analysis situs;[14] er erkannte, daß die Betti'schen Zahlen durch die Torsionszahlen zu ergänzen sind, weil es sich ereignen kann, daß ein

---

[14] Analysis situs, Journ. de l'Ecole Polytechn. (2) 1 (1895); dazu Komplemente I–V: Rend. Circ. Mat. Palermo 13 (1899), Proc. London Math. Soc. 32 (1900), Bull. Soc. Math. de France 30 (1902), Journ. de math. p. et appl. (5) 8 (1902), Rend. Circ. Math. Palermo 18 (1902).

geschlossener Weg erst bei mehrmaliger Durchlaufung begrenzt. Aus den Poincaré'schen Arbeiten ließ sich ohne große Mühe der rein kombinatorische Kern der ganzen Theorie heraus schälen, wie das z.B. in dem oben zitierten Aufsatz des Verf. „Analisis situs combinatoria" geschehen ist; der Beweis für die Invarianz der Zusammenhangs- und Torsionszahlen gegenüber Unterteilung ist dort rein arithmetisch erbracht.

Im Falle der zweidimensionalen Mf ist die topologische Invarianz der Zusammenhangszahl auf verschiedenen Wegen streng begründet worden. Einen den modernen Anforderungen an Strenge genügenden Aufbau der Flächentopologie enthält meine Schrift „Die Idee der Riemann'schen Fläche" vom Jahre 1913. Die Zusammenhangszahl wird hier identifiziert mit der Anzahl der Basiselemente einer gewissen Abelschen Gruppe, die mit Hilfe der Überlagerungsflächen der gegebenen Fläche erklärt ist und die evidentermaßen eine rein topologische Bedeutung hat. Von diesem für die Analysis situs außerordentlich wichtigen Begriff der Überlagerungsfläche soll im nächsten Absatz die Rede sein. Der a.a.O. geführte Beweis (vergl. auch den in der 2. Aufl. hinzugefügten Anhang: Strenge Begründung der Charakteristikentheorie auf zweiseitigen Flächen) läßt sich auf Grund der arithmetischen Theorie der Charakteristikenform (Analisis situs combinatoria § 8) ganz erheblich vereinfachen. Ein anderer Weg ergibt sich aus den gleich anzuführenden Arbeiten von Veblen und Brahana. Kerékjártó in seinem ausgezeichneten Buche „Vorlesungen über Topologie" (1. Band: Flächentopologie, Berlin 1923) schreckte nicht davor zurück (p. 134), den ursprünglich von Riemann selbst ins Auge gefaßten Gedankengang durchzuführen. Die Schwierigkeit ist dabei natürlich die, daß die Querschnitte zweier verschiedenen Querschnittsysteme sich in unendlichvielen Punkten schneiden können. J. W. Alexander gab einen allgemeinen Beweis der topologischen Invarianz der Zusammenhangs- und Torsionszahlen.[15]

Eine einseitige oder zweiseitige geschlossene Fläche ist topologisch vollständig festgelegt durch ihren Zusammenhangsgrad. Dies wurde bereits von Möbius und C. Jordan erkannt.[16] Man führt die

---

[15] Transact. Amer. Math. Soc. 16 (1915), p. 148; vergl., auch Veblen, Analysis situs, Cambr. Coll., p. 98.

[16] Möbius Werke II, pp. 435–471; C. Jordan, Journ. de math. (2) 11 (1866), p. 105.

gegebene Fläche in eine bestimmte Normalform über, welche nur von der Zusammenhangszahl abhängt. Am geeignetsten ist für die zweiseitigen Flächen, deren Zusammenhangsgrad h notwendig gerade ist, $= 2p$ (p = Geschlecht), wohl die folgende Normalform, welche die Fläche sogleich mit einer kanonischen Zerschneidung ausstattet: ein reguläres Polygon in der euklidischen Ebene von $2h = 4p$ Seiten, die der Reihe nach

$$a_1, b_1, a'_1, b'_1, \ldots, a_p, b_p, a'_p, b'_p$$

heißen mögen; die Punkte auf a_i sind mit denen auf a'_i so zu identifizieren, wie sie aufeinanderfallen, wenn man a_i verkehrt auf a'_i legt, ebenso sind die Seiten b_i, b'_i aufeinander bezogen. (a_i soll *verkehrt* mit a'_i zur Deckung gebracht werden, das heißt: sind $A_i B_i$, $A'_i B'_i$ die a_i, bzw. a'_i begrenzenden Polygonecken, wie sie bei Umlaufung des Polygons aufeinander folgen, so soll B_i auf A'_i, A_i auf B'_i fallen.) Eine analoge Normalform kann für die einseitigen Flächen angegeben werden.[17]

Für höhere Dimensionen ist das Problem, soviele topologische Invarianten ausfindig zu machen, daß sich mit ihrer Hilfe eine geschlossene Mf vollständig charakterisieren läßt, noch weit von der Lösung entfernt. Wir sind außerstande, den dreidimensionalen euklidischen Raum oder die dreidimensionale geschlossene Kugel ihrer topologischen Beschaffenheit nach, bzw. die zugehörigen Teilungsschemata kombinatorisch zu kennzeichnen. Poincaré gab ein Beispiel dafür, daß die Betti'schen und die Torsionszahlen nicht ausreichen. Auch die Hinzunahme der gleich zu besprechenden Poincaré'schen Fundamentalgruppe führt nach Alexander nicht zum Ziel.[18] Von der Riemann'schen Denkweise aus, die den euklidischen Raum nicht durch ein irgendwie zusammengelassenes System von Axiomen beschreiben, sondern stufenweise von den allgemeinsten Begriffen herabsteigen möchte, auf jeder Stufe die Fülle aller Möglichkeiten ins Auge fassend und fragend, durch welche inneren Eigenschaften auf ihr der Spezialfall des euklidischen Raumes ausgezeich-

---

[17] Die Überführung der gegebenen Flächen in diese Normalformen wird in strenger und zugleich durchsichtiger Weise bewerkstelligt von Veblen, Analysis situs, Cambr. Coll. pp. 70–72, und Brahana, Annals of Math. 23 (1921), pp. 144–151.

[18] Poincaré, Rend. Circ. Mat. Palermo 18 (1904), p. 45; Alexander, Transact. Amer. Math. Soc. 20 (1919), pp. 339–342.

net sei, ist die topologische Kennzeichnung der mehrdimensionalen Kugel natürlich ein Problem von großer Wichtigkeit. Wir sahen oben bereits, wie dieselbe Frage in die Grundlagen der kombinatorischen Topologie entscheidend eingreift.

§ 3. Einbettung und Überlagerung

Eine Kurve in der Ebene oder im Raume ist der Art ihrer Durchlaufung nach keineswegs eindeutig festgelegt durch die Menge derjenigen Punkte, welche die Kurve passiert. In dem vorgegebenen Straßennetz einer Stadt kann man mancherlei Wege beschreiben. Ähnliches gilt für Flächen im Raum. Um diesem Umstande Rechnung zu tragen, muß man eine Fläche zunächst auffassen als eine zweidimensionale Mf von Elementen sui generis, den „Flächenpunkten". Die Fläche wird eingebettet in den Raum, indem jedem Flächenpunkt p ein Raumpunkt P in stetiger Weise zugeordnet wird als die Raumstelle, an welcher sich der Flächenpunkt p befindet. So muß man an einer Raumfläche zweierlei unterscheiden: 1) die Fläche an sich und 2) die Fläche in ihrer durch die Einbettung gestifteten Beziehung zum Raum. Diese Trennung beherrscht schon die Gausssische Flächentheorie mit ihrer gesonderten Behandlung der „Geometrie auf der Fläche". Riemann spricht sie in seinem Habilitationsvortrag explizite so aus: „In die Auffassung der Flächen mischt sich neben den inneren Maßverhältnissen, bei welchen nur die Länge der Wege auf ihnen in Betracht kommt, immer auch ihre Lage zu außer ihnen gelegenen Punkten. Man kann aber von den äußeren Verhältnissen abstrahieren, indem man solche Veränderungen mit ihnen vornimmt, bei denen die Längen der Linien in ihnen ungeändert bleiben, d.h. sie sich beliebig – ohne Dehnung – gebogen denkt, und alle so auseinander entstehenden Flächen als gleichartig betrachtet."

Die Einbettung besteht allgemein darin, daß eine m-dimensionale Mf F' auf eine n-dimensionale F stetig abgebildet wird, $p' \to p$, indem jedem Punkt p' von F' stetig ein Punkt p von F zugeordnet wird. Dabei ist es nicht erforderlich, daß die Dimensionszahl n des Raumes F größer sei als m, die Dimensionszahl von F. Im Falle $m = n$ pflegt man von Überlagerung statt von Einbettung zu reden, F' einen

Überlagerungsraum über F zu nennen und die Zuordnung $p' \rightarrow p$ durch die Wendung auszudrücken: p' liege über p, p sei der Spurpunkt von p'. Sind die gewöhnlichsten Singularitäten, welche bei der Einbettung einer zweidimensionalen Fläche in einen dreidimensionalen Raum vorkommen, Selbstdurchdringungen längs einer Linie, so sind die gewöhnlichsten Singularitäten einer zweidimensionalen Überlagerungsfläche relativ zu einer zweidimensionalen Grundfläche: Windungspunkte und Faltungslinien. Jene mehrblättrige, über der komplexen Ebene sich hinziehende Fläche, welche Riemann in der Funktionentheorie zur Veranschaulichung der Vieldeutigkeit analytischer Funktionen benutzte, sind in diesem Sinne Überlagerungsflächen über der komplexen Ebene. Ist auf einer zweidimensionalen Fläche eine stetige komplexwertige Ortsfunktion gegeben, so ist jedem Punkt derselben stetig eine komplexe Zahl, ein Punkt z der komplexen Ebene zugeordnet, die Fläche ist zur Überlagerungsfläche über der z-Ebene geworden. Hier liegt also gar nichts anderes vor als die unserer Raumanschauung durchaus geläufige Einbettung – mit dem einen Unterschied, daß man in der Geometrie gewöhnlich nur die Einbettung von Kurven und Flächen in einen höher dimensionalen Raum betrachtet, hier hingegen eine Fläche in eine Fläche (die z-Ebene) eingebettet wird. Die besondere Natur der analytischen Funktionen bringt es mit sich, daß als Singularitäten auf den Riemann'schen Überlagerungsflächen nur Windungspunkte auftreten können. Die Vorstellung, daß eine Riemannsche Fläche von Hause aus eine „frei schwebende", in nichts eingebettete zweidimensionale Mf ist, die als Argumentträger für stetige, hier genauer analytische Funktionen dienen kann, daß sie erst durch Hinzunahme einer auf ihr existierenden komplexen Funktion z zur Überlagerungsfläche über der z-Ebene wird – diese Vorstellung wurde erst von Klein zu durchsichtiger Klarheit entwickelt. (Um der Anschaulichkeit willen spricht Klein übrigens meistens nicht von einer Fläche an sich, sondern von einer Raumfläche!) Es scheint mir aber kaum zweifelhaft, daß auch Riemann diese Denkweise bereits besaß und zu eigenem Gebrauch verwendete; ein allerdings recht schwacher Faden mündlicher Tradition spinnt sich da von Riemann über Prym zu Klein hinüber. Vergl. die Vorrede zu Kleins Schrift „Über Riemanns Theorie der algebraischen Funktionen und ihrer Integrale" (Leipzig 1882) und die Bemerkung dazu in Klein, Gesammelte mathematische Abhandlungen III, p. 479. –

Ist endlich die eingebettete Mf F' von höherer Dimension als die einbettende F ($m > n$), so hat man den allgemeinen Vorgang der *Projektion*.

Vom Überlagerungsraum handelt einer der wichtigsten Begriffe der Analysis situs, der Abbildungsgrad. Ist durch stetige Abbildung ein zweiseitiger („orientierbarer") Raum einem andern gleichdimensionalen Raum überlagert, so gibt der Abbildungsgrad an, wie oft dabei der letztere in summa im positiven Sinne überdeckt wird; eine positive und eine negative Überdeckung betrachtet man dabei als sich gegenseitig aufhebend. Ist z. B. C eine geschlossene Kurve in der Ebene und O ein nicht auf C gelegener Punkt der Ebene, K der „Kreis" aller von O ausgehenden Strahlen, so kann ich C stetig dadurch auf K abbilden, daß ich jedem Punkt p von C den Strahl O_p zuordne; der Abbildungsgrad sagt aus, wie oft die Kurve C den Punkt O umschlingt. Die allgemeine präzise Definition des Abbildungsgrades rührt von Brouwer her; er bedient sich dazu simplizialer Interpolationen der gegebenen Abbildung.[19] Es ist im Grunde dieses Hilfsmittel des Abbildungsgrades, auf welchem auch sein Beweis für die topologische Invarianz der Dimensionszahl beruht.

Eine große Rolle spielen die Überlagerungsflächen in der Theorie der Uniformisierung analytischer, insbesondere algebraischer Gebilde. Die Idee, das Uniformisierungsproblem, das innerhalb der komplexen Funktionentheorie eine zentrale Stellung beanspruchen darf, zunächst auf dem Boden der Analysis situs durch die Überlagerungsfläche zu lösen und dann erst den funktionentheoretischen Teil anzugreifen, der die eindeutige konforme Abbildung jener Überlagerungsfläche auf ein ebenes Gebiet zum Ziel hat, rührt von H. A. Schwarz her.[20] Nachdem Klein und Poincaré schon um 1880 die entscheidenden Theoreme aufgestellt hatten – Riemann selbst, Schwarz und Schottky waren mit wichtigen Untersuchungen über spezielle automorphe Funktionen, die durch ihren Fundamentalbereich definiert wurden, vorangegangen –, gelang ihr Beweis auf der geschilderten Grundlage erst 1907 Poincaré und Koebe.[21] Nament-

---

[19] Über Abbildung von Mannigfaltigkeiten, Math. Annalen 71 (1912), p. 97. Ferner Hadamard, Sur quelques applications de l'indice de Kronecker, im Anhang des 2. Bandes von Tannery, Introduction à la théorie des fonctions d'une variable (Paris 1912).
[20] Brief von Klein an Poincaré vom 14. Mai 1882, Klein, Ges. Abhandlg. III, p. 616.
[21] Poincaré, Acta Math. 31, pp. 1–63; Koebe, Gött. Nachr. 1907, pp. 191–210.

lich Koebe hat dann diesen Zweig der Funktionentheorie, in welchem Riemanns geometrische Auffassung ihre großartigsten Triumphe feiert, allseitig ausgebaut. – Ein Überlagerungsraum F' über F heißt unverzweigt, wenn die Abbildung $p' \to p$ von solcher Art ist, daß sie im Kleinen überall umkehrbar eindeutig ist, d. h. daß eine hinreichend kleine Umgebung des Punkts p' eine Umgebung des Spurpunktes p einfach überdeckt. Ist p'_0 ein gegebener Punkt von F', p_0 sein Spurpunkt auf F, und ist eine von p_0 ausgehende Kurve C auf F gegeben, so existiert eine und nur eine, von p'_0 ausgehende stetige über ihr verlaufende Kurve C' auf F'; es kann nur sein, daß C' abbricht, bevor der Spurpunkt C zu Ende durchlaufen hat; die Kurve C' läuft dann gegen eine *Grenze* von F' relativ zu F. [Der geschilderte Prozeß ist die allgemeine topologische Form dessen, was in der Funktionentheorie als analytische Fortsetzung bezeichnet wird; die analytische Fortsetzung kommt als Sonderfall heraus, wenn F' eine aus Funktionselementen bestehende monogene analytische Funktion, F die komplexe Ebene ist und jedem Funktionselement von F' als Spurpunkt sein Mittelpunkt in der komplexen Ebene zugeordnet wird.] Läuft man bei beliebiger Fortsetzung auf dem unverzweigten Überlagerungsraum F' niemals gegen eine Grenze, so werde von einem unverzweigten unbegrenzten Überlagerungsraum gesprochen. Er ist ein regulärer oder relativ Galois'scher Überlagerungsraum – die Nomenklatur lehnt sich an die analogen Verhältnisse in der Theorie der algebraischen Körper an –, wenn zwei Kurven auf F', welche dieselbe geschlossene Spurlinie C auf F besitzen, stets gleichzeitig geschlossen oder ungeschlossen sind; wir sagen dann einfach, C sei auf F' geschlossen oder ungeschlossen. Unter den Decktransformationen von F' – den eindeutigen stetigen Abbildungen von F' auf sich selber, die jeden Punkt p' in einen darüber gelegenen, d. h. in einen solchen überführen, der mit ihm den gleichen Spurpunkt auf F besitzt – gibt es alsdann eine einzige, welche den gegebenen Punkt p'_0 in einen gegebenen darüber gelegenen verwandelt. Die Decktransformationen bilden eine Gruppe, die *Galois'sche Gruppe* von F' relativ zu F; sie beschreibt das gegenseitige Verhältnis von Überlagerungsraum und Grundraum vollständig. Ist diese Gruppe eine Abelsche, so heißt auch der Überlagerungsraum Abelsch. Unter den Abelschen Überlagerungsräumen gibt es einen stärksten, auf dem sich eine auf F geschlossene Kurve nur schließt, wenn sie es auf allen Abelschen Überlagerungsräumen tut; er heißt der Klassenraum (Analogon des

Klassenkörpers in der Theorie der algebraischen Zahlkörper). Wenn F die Riemannsche Fläche einer algebraischen Funktion ist, hat man die Klassenfläche über F dem Studium der dazu gehörigen Abelschen Integrale zugrunde zu legen. Im zweidimensionalen Fall hat die Abelsche Gruppe der Decktransformationen der Klassenfläche eine aus h Transformationen unendlich hoher Ordnung bestehende Basis: das ist die bereits oben erwähnte topologisch invariante Definition des Zusammenhangsgrades h. – Wie unter den Abelschen, so gibt es auch unter *allen* unverzweigten unbegrenzten Überlagerungsräumen einen stärksten, den „universellen Überlagerungsraum". Er ist Galois'sch und die Gruppe seiner Decktransformationen, welche auch als *Poincaré'sche Fundamentalgruppe* des Grundraumes F bezeichnet wird, ist wohl die wichtigste Analysis-situs-Invariante von F. Der universelle Überlagerungsraum, dessen Bedeutung zuerst an dem funktionentheoretischen Uniformisierungsproblem hervortrat, spielt, wie sich seitdem mehr und mehr herausstellte, überall, wo Kontinua im Großen der Untersuchung unterworfen werden, eine ausschlaggebende Rolle.

Zugleich erhält man hier eine wichtige gruppentheoretische Methode zur Erzeugung von Kontinua. Eine Mf F' sei gegeben und eine diskontinuierliche Gruppe G topologischer Abbildungen von F' auf sich selber; keine dieser Abbildungen außer der Identität besitze Fixpunkte. Diejenigen Punkte von F', welche aus einem willkürlichen Punkte durch die sämtlichen Abbildungen der Gruppe G hervorgehen, bilden ein System äquivalenter Punkte; die Voraussetzung der Diskontinuität der Gruppe besagt, daß ein solches System niemals eine Verdichtungsstelle besitzen darf. Aus F' entsteht eine neue Mf $F = F_G$ dadurch, daß man übereinkommt, jedes System äquivalenter Punkte von F' als einen einzigen Punkt von F anzusehen. Die ursprüngliche Mf ist ein Galois'scher Überlagerungsraum über F mit der Galois'schen Gruppe G. Ist z. B. F' die komplexe Ebene und besteht G aus allen Translationen eines parallelogrammatischen Gitters, so entsteht durch das geschilderte Verfahren jene geschlossene Mf, welche der Träger der elliptischen Funktionen mit dem vorgegebenen Periodengitter ist. – Ist F' der universelle Überlagerungsraum über einer gegebenen Mf F, G seine Galois'sche Gruppe, H eine beliebige Untergruppe von G, so ist F_H gleichfalls ein unverzweigter unbegrenzter Überlagerungsraum über F, und auf diesem Wege erhält man sämtliche derartigen Überlagerungsräume. F_H ist relativ Galois'sch in bezug auf F, wenn H invariante Untergruppe ist, und die zugehörige Faktorgruppe G/H ist dann die Galois'sche Gruppe von F_H.

II. Teil. Struktur

§ 4. Das Strukturfeld
(metrische, konforme, affine und projektive Infinitesimalgeometrie)

Zu lange schon verweilte ich beim rein Topologischen. Um jetzt eine Maßbestimmung, eine Struktur in das Kontinuum einziehen zu lassen, stützen wir uns auf jenes Prinzip, das Riemanns gesamte wissenschaftliche Arbeit beherrscht: die Welt aus ihrem Verhalten im Unendlichkleinen zu verstehen. Für die geometrische Grundlage der Welterklärung tat er jenen Schritt von der Fernwirkungs- zur Nahewirkungstheorie hinüber, den Faraday und Maxwell in der Physik, speziell in der Elektrizitätslehre vollzogen.

„Das Messen", sagt Riemann, „besteht in einem Aufeinanderlegen der zu vergleichenden Größen; zum Messen wird also ein Mittel erfordert, die eine Größe als Maßstab für die andere fortzutragen." Als einfachste Annahme verfolgt er die, daß „die Länge der Linien unabhängig von der Lage sei, also jede Linie durch jede meßbar sei." Durch Zerlegung der Linien in unendlichkleine Linienelemente kommt die Aufgabe darauf hinaus, einen Ausdruck für die Länge ds eines solchen Linienelements $\overrightarrow{PP'}$ zu finden, der einerseits vom Ort P abhängen wird (mit den Koordinaten x_i), andererseits von den Komponenten $dx_i = (dx)^i$ des von P nach P' führenden Linienelementes (den unendlichkleinen Koordinatendifferenzen von P' und P). An einer festen Stelle P wird

$$ds = f_P (dx_1, \ldots, dx_n)$$

eine homogene Funktion 1. Ordnung der Differentiale dx_i sein müssen. Sofern die Maßbestimmung an jeder Stelle P für sich genommen die gleiche sein soll, werden die den verschiedenen Punkten P entsprechenden Funktionen $f_P(\xi_1, \dots, \xi_n)$ alle auseinander oder alle aus einer bestimmten Form $f(\xi_1, \dots, \xi_n)$ durch homogene lineare Transformation der Argumente ξ hervorgehen. Dieses f ist für die metrische Natur der betreffenden Mf charakteristisch. Gilt im Unendlichkleinen die euklidische Geometrie, ist die Mf, wie Riemann sich ausdrückt, in den kleinsten Teilen eben, so ist an jeder Stelle ds^2 in seiner Abhängigkeit von den Differentialen dx eine positive-definite quadratische Form,

$$ds^2 = \sum_{i,k} g_{ik}\, dx_i\, dx_k.$$

Alle solchen Formen gehen in der Tat aus der einen

$$f^2 = \xi_1^2 + \xi_2^2 + \cdots + \xi_n^2,$$

wie man weiß, durch lineare Transformation hervor. Die Relativitätstheorie hat sich genötigt gesehen, neben die positiv-definiten die quadratischen Formen von beliebigem, aber festem (ortsunabhängigen) Trägheitsindex zu setzen.

Zu jedem Punkt P einer Mf gehört der zentrierte affin-lineare Raum der Vektoren im Punkte P; die von P ausstrahlenden Linienelemente sind die unendlichkleinen Vektoren. Hierdurch bringen wir lediglich zum Ausdruck, daß in zwei Koordinatensystemen die Differentiale an der Stelle P durch homogene lineare Transformation miteinander zusammenhängen. Die Vektoren bilden, wie man auch sagen kann, den tangierenden linearen Raum, dessen Zentrum den Punkt P deckt und von welchem die unendlichkleine Umgebung des Zentrums mit der unendlichkleinen Umgebung des Punktes P der gegebenen Mf affin zur Deckung gebracht ist.

Neben die metrische tritt die affine Geometrie. Riemann deutet sie in seinem Habilitationsvortrag mit den Worten an: „Endlich könnte man drittens, anstatt die Länge der Linien als unabhängig von Ort und Richtung anzunehmen, auch eine Unabhängigkeit ihrer Länge und Richtung vom Ort voraussetzen." Aber er ist hier offenbar nicht zu der rein infinitesimalen Auffassung vorgedrungen, die sich erst in unseren Tagen in Anschluß an Levi-Civitas Arbeit „Nozione di parallelismo in una varieta qualunque ...", Rend. d. Circ. Matem. di Palermo Bd. 42 (1917), entwickelt hat: ein Vektor im

Punkte P kann nur nach allen zu P unendlich benachbarten Punkten P' „ungeändert", „parallel mit sich" übertragen werden. Wenn dies der Fall ist, trägt die Mf einen *affinen Zusammenhang*. Sollen auch hier wieder im Unendlichkleinen die Verhältnisse der linearen Geometrie obwalten, soll es also möglich sein, zu dem vorgegebenen Punkt P derartige Koordinaten x einzuführen, daß relativ zu ihnen durch infinitesimale Parallelverschiebung eines willkürlichen Vektors im Punkte P mit den Komponenten ξ^i nach einem beliebigen Nachbarpunkte P' die Komponenten ξ^i keine Änderung erleiden: $d\xi^i = 0$ so drückt sich der affine Zusammenhang in irgend einem Koordinatensystem x folgendermaßen aus:

$$d\xi^i = -\sum_k d\gamma_k^i \xi^k, \qquad d\gamma_k^i = \sum_l \Gamma_{kl}^i (dx)^l$$

wobei die weder von dem verschobenen Vektor ξ^i noch der vorgenommenen Verschiebung abhängigen Komponenten des affinen Zusammenhangs Γ_{kl}^i der Symmetriebedingung $\Gamma_{lk}^i = \Gamma_{kl}^i$ genügen. Die Vektorübertragung wird im allgemeinen nicht integrabel sein; das Ergebnis der schrittweisen infinitesimalen Parallelverschiebung eines in P gegebenen Vektors längs eines von P nach dem endlich entfernten Punkte Q führenden Weges wird vom Wege abhängig sein; der Kompaßkörper, d.i. der von Punkt zu Punkt der Führung des affinen Zusammenhangs folgende tangierende Vektorraum, wird, wenn er eine geschlossene Bahn auf der Mf beschrieben hat, nicht in seine Ausgangslage zurückkehren.

Ersetzt man, wie es Levi-Civita gegenüber Riemann bei den Vektoren tut, die Unabhängigkeit vom Ort durch die Vergleichbarkeit in unendlich benachbarten Punkten – vollzieht man den gleichen Schritt für die Längen der Linienelemente oder die „Strecken", so kommt man von Riemanns zu der von mir aufgestellten metrischen Geometrie, in der also ein dem Euklidisch-Pythagoreischen Quadratgesetz genügender Längenvergleich von Vektoren nur dann möglich ist, wenn die Vektoren im gleichen oder in unendlich benachbarten Punkten sich befinden.

Aus der affinen entsteht durch Abstraktion die *projektive Geometrie*: sie behält von den Vektoren allein ihre Richtung bei und betrachtet die infinitesimale Parallelverschiebung einer Richtung $\mathfrak{r}$ in P nur nach denjenigen zu P unendlich benachbarten Punkten P', die von P aus in der Richtung r liegen. Für die projektive Geometrie charakteristisch ist der Begriff der geodätischen oder geraden Linie. Ändert man die Komponenten Γ_{kl}^i des affinen Zusammenhangs einer Mf um die Größen $[\Gamma_{kl}^i]$, so wird dadurch dann und nur dann die projektive Beschaffenheit nicht angetastet, wenn Gleichungen von der Form bestehen

$$[\Gamma_{kl}^i] = \delta_k^i \psi_l + \delta_l^i \psi_k, \qquad \delta_k^i = \begin{cases} 1 & (i = k) \\ 0 & (i \neq k) \end{cases}.$$

In ähnlicher Weise wie durch Abstraktion aus der affinen die projektive, so entsteht aus der metrischen Geometrie (nach Riemann oder Weyl) die *konforme*; statt der Längenmessung verwendet sie nur die damit verbundene Winkelmessung, charakteristisch für sie ist nicht die Form ds^2, sondern die *Gleichung* $ds^2 = 0$.

Und hier stellt sich nun der engste Konnex mit der Funktionentheorie her. Die konforme Mf in zwei Dimensionen ist nichts anderes als die *Riemannsche Fläche*, die Fläche, welche befähigt ist, Träger analytischer Funktionen zu sein. Im zweidimensionalen Fall läßt sich nämlich (nicht so, wenn die Dimensionszahl 3 oder noch höher ist) eine hinreichend kleine Umgebung des willkürlichen Punktes P der konformen Mf auf die euklidische Ebene, auf die Ebene der komplexen „Ortsuniformisierenden" t winkeltreu abbilden. Dem Punkte P selber möge dabei der Wert $t = 0$ entsprechen. *Analytisch* ist eine Funktion in P, wenn sie sich in der Umgebung von P als Potenzreihe der Ortsuniformisierenden t ausdrückt. Genau so faßt Klein den Begriff der Riemannschen Fläche in der Arbeit „Neue Beiträge zur Riemannschen Funktionentheorie", Ges. Abhandlungen III, p. 634. Ähnlich bin ich in meinem Buche „Die Idee der Riemannschen Fläche" vorgegangen, sofern ich auch da, der Riemannschen Grundidee zufolge, das rein Topologische vom Funktionentheoretischen trennte und vorweg behandelte, die Winkelmessung erst nachträglich als eine Struktur der schon vorher vorhandenen Fläche aufprägend. Ich leugne nicht, daß dieses Verfahren auch seine Nachteile hat; es ist z.B. auf einer Riemannschen Fläche unnatürlich, die Triangulation mit Hilfe beliebiger stetiger Linien vorzunehmen, hier wird man gerne von Anfang an nur analytische Triangulationslinien in Betracht ziehen. Dem entspricht

die Koebe'sche Fassung des Begriffes:[22] eine Riemannsche Mf besteht aus endlich- oder abzählbar-unendlichvielen von analytischen
Kurvenbogen begrenzten Dreiecken einer komplexen t-Ebene;
durch analytische Substitutionen sind die Seiten dieser Dreiecke zu
je zweien miteinander verbunden. Riemanns Hauptsatz besagt, daß
eine solche Fläche als Ganzes auf das Innere des Einheitskreises
eindeutig und konform abgebildet werden kann, vorausgesetzt daß
sie die dazu nötige Analysis-situs-Bedingung des einfachen Zusammenhangs erfüllt. (Nur in gewissen Sonderfällen tritt anstelle des
Einheitskreises die ganze komplexe Ebene, ev. einschließlich des
unendlichfernen Punktes.) Koebes allgemeines Uniformisierungs-
prinzip dehnt den Riemannschen Satz dahin aus, daß die eindeutige
konforme Abbildung auf ein (nicht näher normiertes) ebenes Gebiet
möglich ist, sofern die dazu unerläßliche topologische Bedingung der
Schlichtartigkeit erfüllt ist: die Fläche muß durch jede auf ihr verlaufende geschlossene Kurve zerlegt werden.

Bisher haben wir die metrische und die affine Geometrie, aus
denen durch Abstraktion die konforme und die projektive entsprin-
gen, isoliert nebeneinander gestellt. Zwischen ihnen besteht aber ein
Verhältnis der Unterordnung: jeder metrische Raum ist a priori mit
einem bestimmten affinen Zusammenhang ausgestattet. An sich
entspricht ja in einem reinen Kontinuum jedem die Umgebung eines
Punktes P bedeckenden Koordinatensystem x ein möglicher Begriff
der infinitesimalen Parallelverschiebung: Verpflanzung der Vektoren
im Punkte P nach den unendlich benachbarten ohne Änderung ihrer
Komponenten in diesem Koordinatensystem. Im metrischen Raum
(nach Riemann oder Weyl) ist nun unter diesen den verschiedenen
Koordinatensystemen entsprechenden möglichen Systemen von Pa-
rallelverschiebungen eines und nur eines dadurch ausgezeichnet, daß
die Parallelverschiebung die Länge der Vektoren im Sinne der gegebenen Metrik ungeändert läßt. Erst dieser Satz schließt den hier in
kurzen Zügen geschilderten Aufbau zu einem wohlgegliederten Or-
ganismus zusammen, für den ich den Namen der reinen Infinitesimalgeometrie vorgeschlagen habe.

Die Nicht-Integrabilität der Vektorübertragung in einem affin
zusammenhängenden Raum äußert sich darin, daß beim Umfahren eines unendlichkleinen Flächenelements, das aufgespannt wird

---

[22] Journ. f. Math. 147, p. 67.

durch die beiden vom Punkte P ausgehenden Linienelemente dx und δx – die Komponenten dieses Flächenelements sind dann

$$\Delta x^{ik} = dx^i \delta x^k - dx^k \delta x^i$$

– jeder Vektor ξ^i des Kompaßkörpers in P bei seiner Rückkehr eine unendlichkleine Änderung $\Delta \xi^i$ erlitten hat, die sowohl linear vom Vektor wie auch vom umfahrenen Flächenelement abhängt:

$$\Delta \xi^i = \sum_k \Delta r^i_k \xi^k, \qquad \Delta r^i_k = \sum_{\alpha,\beta} \tfrac{1}{2} R^i_{k\alpha\beta} \Delta x^{\alpha\beta}.$$

Die nur vom Orte abhängigen, in α, β schiefsymmetrischen Größen $R^i_{k\alpha\beta}$ sind die Komponenten der Riemannschen „Krümmung" oder, wie man heute vielleicht lieber sagen würde, des „Vektorwirbels". Da ein metrischer Raum ohne weiteres einen affinen Zusammenhang trägt, kann auch für ihn der Vektorwirbel gebildet werden. In der Weyl'schen Geometrie existiert außer dem Vektorwirbel ein analog definierter Streckenwirbel; er ist aber als Bestandteil im Vektorwirbel enthalten. Riemann hat die Krümmungsgrößen in anderer Art eingeführt. Er benutzt zu einem Punkte O der Mf Normal- oder Zentral-Koordinaten x_i, welche in O verschwinden und die Mf so auf einen cartesischen Bildraum beziehen, daß die von O ausgehenden geodätischen Linien im Bilde als Gerade ($x_i = a_i t$, a_i Konstante, t der Parameter) erscheinen. Die Krümmungskomponenten treten dann auf bei der Entwicklung der g_{ik} nach Potenzen der Koordinaten x_i in der Umgebung des Punktes O. Diese Methode der Normalkoordinaten ist neuerdings namentlich von Veblen und T. Y. Thomas in fruchtbarer Weise verwendet worden, um vollständige Systeme invarianter Tensoren im metrischen, affinen und projektiven Raume zu ermitteln.[23]

---

[23] Veblen, Proc. Nat. Acad. Science 8 (1922), pp. 192–197; Veblen und T. Y. Thomas, Transact. Amer. Math. Soc. 25 (1923), pp. 551–608; Veblen und J. M. Thomas, Proc. Nat. Acad. Science 11 (1925), pp. 204–207; zwei in der Math. Zeitschr. im Erscheinen begriffene Noten von T. Y. Thomas.

§ 5. Die Frage der Homogenität

Der wirkliche Raum als Form der Erscheinungen ist notwendig homogen. Trägt er von Hause aus eine feste, von der Materie unabhängige metrische Struktur, so muß er „Bewegungen" in sich, Transformationen gestatten, welche das metrische Feld invariant lassen; und zwar muß die Gruppe der Bewegungen so umfassend sein, daß ihr gegenüber nicht nur alle Punkte gleichberechtigt sind, sondern in einem Punkte alle Linien- und alle Flächenrichtungen. Daß der Vektorwirbel von Ort und Stellung des umfahrenen Flächenelements unabhängig sein soll, drückt sich mit Riemann leicht durch die Gleichungen aus

(∗) $$R^i_{k\alpha\beta} = \lambda(\delta^i_\alpha g_{k\beta} - \delta^i_\beta g_{k\alpha}),$$

wo λ eine Konstante ist (die skalare Krümmung des Raumes). Die weitere Untersuchung dieser Gleichungen ist, nachdem Riemann in seinem Habilitationsvortrag das Resultat angegeben hatte, von Christoffel und Lipschitz durchgeführt worden.[24] Besonders einfach ist der Fall $\lambda = 0$. Wie aus der Bedeutung des Vektorwirbels ohne weiteres hervorgeht, ist sein Verschwinden die notwendige und hinreichende Bedingung dafür, daß der (affine oder metrische) Raum eben (linear) ist, daß also durch geeignete Wahl der (cartesischen) Koordinaten x_i überall

$$ds^2 = dx_1^2 + dx_2^2 + \cdots + dx_n^2, \qquad \Gamma^i_{kl} = 0$$

wird. Analog haben J. A. Schouten und Weyl bewiesen, daß das Verschwinden der aus der Affinkrümmung $R^i_{k\alpha\beta}$ „abstrahierten" projektiven und Konform-Krümmung die projektive bzw. konforme Ebenheit der betreffenden Mf zur Folge hat. (Doch ist im projektiven Falle die Dimensionszahl $n = 2$, im konformen $n = 3$ auszunehmen.)

Riemann erkannte, daß die Gleichung (∗) auch bei beliebigem konstanten λ die metrische Struktur des Raumes eindeutig bestimmt. Er gibt die zugehörige metrische Fundamentalform in einer Gestalt,

---

[24] Christoffel, Journ. f. Math. 70 (1869), p. 46, 241; Lipschitz, ebenda 70 (1869), p. 71, und 72 (1870), p. 1.

welche in Evidenz setzt, daß jeder derartige metrische Raum „konstanter skalarer Krümmung" konform-eben ist:

$$(**) \qquad ds^2 = \frac{dx_1^2 + \cdots + dx_n^2}{[1 + \lambda(x_1^2 + \cdots + x_n^2)]^2}.$$

Man kann ihr auch eine solche Gestalt verleihen, daß die projektive Ebenheit hervortritt; sodaß die homogene Geometrie entsteht, wenn man in den gewöhnlichen projektiven Raum mit Hilfe eines absoluten Kegelschnitts eine Cayley'sche Maßbestimmung einbaut. Und es ist eine natürliche Methode zum Beweise des Riemannschen Resultates, zunächst von dem Raume konstanter skalarer Krümmung zu zeigen, daß er projektiv oder konform eben ist.[25] Für $\lambda = 0$ erhält man die euklidische, für $\lambda = -1$ die Bolyai-Lobatschefskij'sche, für $\lambda = +1$ die erst von Riemann als eine weitere Möglichkeit erkannte sphärische oder „elliptische" Geometrie. Nimmt man den Weg über die projektive Ebenheit, so erhält man als euklidisches Modell der Lobatschefskij'schen Geometrie das bekannte Klein'sche: der Lobatschefskij'sche Raum (LR) ist das Innere der Einheitskugel des euklidischen Raumes, die Bewegungen des LR sind die Kollineationen, welche die Grenzkugel in sich überführen. Nimmt man seinen Weg über die konforme Ebenheit, so kommt man auf das „funktionentheoretische" Modell, wo als Bewegungen die konformen Abbildungen erscheinen, die das Innere der euklidischen Einheitskugel in sich überführen. Daß Riemann die der letzten Auffassung entsprechende Form (**) angibt, legt die Vermutung nahe, daß er zu seinen Resultaten von der Funktionentheorie aus gekommen ist, um so mehr, als ja gerade Riemann in die Funktionentheorie statt der Ebene durch stereographische Projektion die Kugel als Träger der komplexen Variablen $z = x_1 + ix_2$ eingeführt hat; auf der Kugel gilt dann bekanntlich (**) mit $\lambda = 1$:

$$ds^2 = \frac{dx_1^2 + dx_2^2}{(1 + x_1^2 + x_2^2)^2}.$$

Sollte unter diesen Umständen nicht schon Riemann der Zusammenhang der Theorie der gebrochenen linearen Transformationen einer

---

[25] Vergl. Weyl, Gött. Nachr. 1921, p. 109.

komplexen Variablen z, welche das Innere des Einheitskreises in sich überführen, mit der ebenen Lobatschefskij'schen Geometrie bekannt gewesen sein?

§ 6. Der homogene Raum vom gruppentheoretischen Standpunkt

Die Homogenität des Raumes drückt sich aus durch die Gruppe der Bewegungen. Der gruppentheoretische Gesichtspunkt ist jedoch, soviel wir beurteilen können, Riemanns geometrischen Betrachtungen fremd geblieben (offenbar, weil seine Ideen, wie wir gleich sehen werden, weit über die homogenen Räume hinausgingen). Seine Bedeutung für die homogenen Geometrien ist bekanntlich erst durch Kleins Erlanger Programm (1872) in systematischer Weise zur Geltung gebracht worden, nachdem schon Möbius konsequent die Transformationsgruppe in der euklidischen, der affinen, der projektiven, der Kreisgeometrie und der Analysis situs als Charakteristikum verwendet hatte.

Von der erkenntnistheoretischen Frage nach dem Sinn der Geometrie für die reale Außenwelt und ihren empirischen Fundamenten aus hatte Helmholtz 1866 den Axiomen der Geometrie eine solche Gestalt gegeben, daß sie vom starren Körper und seiner Beweglichkeit handeln oder, wie freilich erst Klein deutlich hervorhob, Forderungen an die Bewegungsgruppe stellen.[26] Das Postulat einer derartigen Begründung der Geometrie war schon 1851 von dem Philosophen Fr. Überweg erhoben worden.[27] Helmholtz' Axiome lassen sich so resümieren:

I. Zwei Punkte x, y besitzen eine invariante „Entfernung" $\Omega(x, y)$ welche sich bei Bewegungen nicht ändert.

II. Hat man zwei aus endlich und zwar gleich vielen Punkten bestehende Figuren und sind die Punkte der beiden Figuren einander so zugeordnet, daß korrespondierende Punktepaare gleiche Entfernung haben, so kann man die beiden Figuren durch

---

[26] Verhandl. d. Naturhist.-mediz. Ver. Heidelberg 4 (1866); Gött. Nachr. 1868, p. 193 = Wissensch. Abhandlg. II, p. 610, bzw. 618.

[27] Arch. f. Philologie u. Pädagogik 17.

Bewegung miteinander zur Deckung bringen. – Diese Forderung führt zu Funktionalbeziehungen für Ω, wenn man Figuren aus mehr als $n + 1$ Punkten betrachtet.

III. (Monodromieaxiom.) Unter dem Einfluß derjenigen Bewegungen, welche $n - 1$ gegebene Punkte allgemeiner Lage festlassen, beschreibt jeder Punkt eine geschlossene Linie.

De Tilly und Klein erkannten, daß für Dimensionszahlen $n \geq 3$ das Monodromieaxiom erspart werden kann. Lie führte das Problem mit den Hilfsmitteln seiner allgemeinen Theorie der Transformationsgruppen, insbesondere mit Hilfe des Begriffs der infinitesimalen Transformation, für beliebige Dimensionszahl streng durch. Er gibt ein „finites" wie das Helmholtz'sche und ein mehr infinitesimales Axiomensystem. Das erste lautet:

I. Die Bewegungsgruppe wird erzeugt von infinitesimalen Transformationen.

II. Zu einem Punkt allgemeiner Lage y^0 gibt es eine Bedingung $\Omega(x, x', y^0) = 0$, die allemal erfüllt ist, wenn die Punkte x, x' durch eine y^0 festlassende Bewegung ineinander übergeführt werden können.

III. Um y^0 kann man eine Umgebung so abgrenzen, daß diese Bedingung für Punkte x, x' innerhalb jener Umgebung nicht nur notwendig, sondern auch hinreichend ist.

Am wichtigsten und naturgemäßesten aber scheint mir seine infinitesimale Fassung des Problems. Sie fordert lediglich die Gleichberechtigung aller Punkte, aller 1-dimensionalen, 2-dimensionalen, ..., $(n - 1)$-dimensionalen Richtungen im Raum: Durch Bewegung läßt sich jeder Punkt in jeden überführen; unter den Bewegungen, welchen einen Punkt festlassen, existieren solche, welche eine beliebige Linienrichtung in diesem Punkte in eine beliebige andere überführen; usw. Ist aber ein inzidentes System von Richtungselementen der 0ten bis $(n - 1)^{\text{ten}}$ Dimension gegeben, so gibt es außer der Identität keine Bewegung mehr, welche dasselbe festläßt. Daß mit diesen Forderungen nur die Bewegungsgruppe der „klassischen", d. i. der euklidischen, der Bolyai-Lobatschefskij'schen und der elliptischen Geometrie verträglich ist – man kann sie ohne Fallunterscheidung in einer einheitlichen, den Parameter λ enthaltenden Form schreiben –, dafür läßt sich der Beweis erbringen, indem man durch die allge-

meine Riemannsche Geometrie hindurchgeht; so verfährt auch Helmholtz. Dann reduziert sich das Raumproblem darauf, einzusehen, daß die Gruppe der euklidischen Drehungen die einzige Gruppe homogener linearer Transformationen ist, welche dem zentrierten affin-linearen Raum freie Beweglichkeit in dem eben erläuterten Sinne verschafft. Doch muß man zugeben, daß der allgemeine Riemannsche Raum ein fremdes Element in den Homogenitätsuntersuchungen ist; Lie hat darum zum Beweise seines Satzes einen mehr direkten, konsequent gruppentheoretischen Weg eingeschlagen.

Die niederste Dimensionszahl $n = 2$ ist von Poincaré und Hilbert behandelt worden. Poincaré nimmt wie Lie die Erzeugung der Bewegungsgruppe durch infinitesimale Transformationen an; er fordert, daß sie 3-parametrig sei und daß eine Figur fest sei, wenn zwei ihrer Punkte festgehalten werden. Hilbert befreit sich von den Differenzierbarkeitsvoraussetzungen und operiert im Gegensatz zu Lie mit den Methoden der Mengentheorie. Seine Postulate sind die folgenden:

a) Die Bewegungen bilden eine Gruppe.

b) Die Bewegungen, welche einen Punkt festlassen, bringen irgend einen andern Punkt in unendlich viele verschiedene Lagen.

c) Die Bewegungen bilden ein abgeschlossenes System; d. h. können drei Punkte ABC simultan durch Bewegungen beliebig nahe an ein vorgegebenes Punktetripel $A'B'C'$ herangebracht werden, so gibt es auch eine Bewegung, welche ABC genau in $A'B'C'$ überführt.

Das Helmholtz-Lie'sche Raumproblem läßt sich zusammenfassend und allgemein so formulieren: Ein homogener Raum ist durch seine Bewegungsgruppe gekennzeichnet; Figuren, welche durch eine Operation der Gruppe auseinander hervorgehen, sind vom Standpunkte der betrachteten Geometrie einander gleich. Es handelt sich darum, unter allen möglichen Gruppen die Bewegungsgruppe der klassischen Geometrie zu charakterisieren durch solche Eigenschaften, die mathematisch möglichst einfach oder durch die reale Bedeutung des Raumes besonders nahe gelegt sind. Poincaré hat in seinen erkenntnistheoretischen Untersuchungen über den Raum das 6-dimensionale Kontinuum der Bewegungen sogar als etwas Ursprünglicheres dem 3-dimensionalen Kontinuum der Punkte vorangestellt.[28] Wollte man mit dieser Auffassung mathematisch Ernst machen, so

---

[28] La valeur de la Science, pp. 101–102.

müßte man die Bewegungsgruppe lediglich als abstrakte Gruppe, ihrer Konstitution nach, ins Auge fassen, und die Konstitution der Bewegungsgruppe durch innere einfache Eigenschaften unter allen möglichen anderen Gruppenkonstitutionen kennzeichnen; es bliebe dann weiter zur Begründung des Punktbegriffes die Aufgabe, diejenigen einfachen Voraussetzungen namhaft zu machen, welche gerade zu der in der klassischen Geometrie geltenden Realisierung der abstrakten Gruppe durch „Punkt"-Transformationen führt.

Hatten wir bisher mit stetigen Gruppen zu tun, so führt eine anders wichtige Frage, das Clifford-Klein'sche Raumproblem, auf diskontinuierliche Gruppen. Es ist die Frage, welcher Zusammenhangsverhältnisse ein Raum fähig ist, für welchen im Kleinen, in einer hinreichend kleinen Umgebung jedes Punktes eine bestimmte homogene Geometrie gilt, insbesondere eine der drei oben als klassisch bezeichneten. Die Antwort lautet, daß in diesen drei Fällen der über den gegebenen Raum sich hinziehende universelle Überlagerungsraum der gewöhnliche euklidische, bzw. Lobatschefskij'sche und sphärische ist.[29] Die Decktransformationen sind jetzt natürlich Bewegungen. Der allgemeinste Raum F_G mit euklidischer Geometrie wird also aus dem gewöhnlichen euklidischen Raum F' gewonnen durch die am Schluß von § 3 angegebene Methode, indem man eine diskontinuierliche Gruppe G von Bewegungen zugrunde legt, deren keine außer der Identität einen Fixpunkt besitzt. Ein solcher Raum F_G ist insbesondere dann geschlossen, wenn die Gruppe endlichen Fundamentalbereich besitzt. Die Bestimmung aller Gruppen der genannten Art ist nichts anderes als das Problem der Kristallographie, sodaß man den geschlossenen Raum mit euklidischer Geometrie zweckmäßig als euklidischen Kristall bezeichnen wird. Für beliebige Dimensionszahl hat Bieberbach[30] zuerst den fundamentalen Satz aufgestellt, daß in einer diskontinuierlichen euklidischen Bewegungsgruppe mit endlichem Fundamentalbereich stets n voneinander linear unabhängige Translationen enthalten sind (Kristallgitter). – Analog lautet die Ant-

---

[29] Klein, Math. Annalen 37 (1890), p. 144 = Abhandlg. I, p. 353. Killing, Die nicht-euklidischen Raumformen in analytischer Behandlung, Leipzig 1885. Weyl, Math. Annalen 77, p. 349.

[30] Bieberbach, Math. Annalen 70 (1911), p. 297, 72 (1912), p. 400. Frobenius, Sitzungsber. Berl. Akad. 1911, pp. 654–665.

wort für die Lobatschefskij'sche und die sphärische Geometrie. Das die ebene Lobatschefskij'sche Geometrie betreffende Resultat steht in engstem Zusammenhang mit dem zentralen Uniformisierungstheorem der Funktionentheorie. Ist eine Riemannsche Fläche F gegeben, so konstruiert man darüber die universelle Überlagerungsfläche F' und die zugehörige Gruppe der Decktransformationen, die Poincarésche Fundamentalgruppe G von F. F' läßt sich (von wenigen Ausnahmefällen abgesehen) eindeutig konform abbilden auf das Innere des Einheitskreises der komplexen z-Ebene. Die Decktransformationen erscheinen in diesem Bilde als eindeutige konforme Transformationen, welche das Innere des Einheitskreises in sich überführen; das sind gebrochene lineare Transformationen von z, wenn wir also das Innere des Einheitskreises nach einem oben erwähnten Modell als die Lobatschefskij'sche Ebene auffassen, Bewegungen dieser Ebene in sich. F' erscheint somit als die volle Lobatschefskij'sche Ebene, $F = F_G$ als der zu der Gruppe G gehörige *Lobatschefskij'sche Kristall*. Er ist die vollkommenste, von allen Zufälligkeiten befreite Normalform der Riemannschen Fläche. Für die allgemeine Theorie der Riemannschen Flächen ist darin das merkwürdige Resultat enthalten, daß man sie, obschon sie ihrem Begriffe nach nur eine Winkelmessung trägt, mit einer eindeutig bestimmten Längenmessung versehen kann, die mit der gegebenen Winkelmessung in Einklang steht und die Gültigkeit der Lobatschefskij'schen Geometrie auf ihr zur Folge hat. Doch hängt diese Maßbestimmung ab von der ganzen Ausdehnung der Fläche; sie wird eine andere, wenn man statt ihrer nur einen Teil der gegebenen Fläche ins Auge faßt.[31] – Im sphärischen Falle besteht jede diskontinuierliche Bewegungsgruppe notwendig aus bloß endlichvielen Operationen. Bei gerader Dimensionszahl ist überhaupt nur der einfach zusammenhängende sphärische Raum und der „elliptische" möglich, der aus ihm durch Identifikation je zweier „diametral gegenüberliegender" Punkte entsteht.

---

[31] Koebe, Annali di Matem. (III) 21, p. 57.

§ 7. Das metrische als physikalisches Zustandsfeld. Das zugehörige gruppentheoretische Raumproblem. Cartans Untersuchungen

Die radikale Wendung, welche das Raumproblem durch die allgemeine Relativitätstheorie erfahren hat, ist zu bekannt, als daß ich sie hier breit auseinandersetzen müßte: die metrische Stuktur wird zu einem von der Materie abhängigen physikalischen Zustandsfeld, sie gehört nicht mehr zur ruhenden homogenen Form der Erscheinungen, sondern zum wechselvollen materiellen Geschehen. Am Schluß seines Habilitationsvortrages hat Riemann diese Auffassung allgemein dargelegt, ohne sie freilich schon damals, wie es dann durch Einstein geschehen ist, zu einer Theorie der Gravitation ausgestalten zu können. Wie sehr Riemann von der empirisch-physikalischen Bedeutung der Metrik durchdrungen ist, zeigen z.B. die folgenden Worte: „Nun scheinen aber die empirischen Begriffe, in welchen die räumliche Maßbestimmung gegründet ist, der Begriff des festen Körpers und des Lichtstrahls, im Unendlichkleinen ihre Gültigkeit zu verlieren; es ist also sehr wohl denkbar, daß die Maßverhältnisse des Raumes im Unendlichkleinen den Voraussetzungen der Geometrie nicht gemäß sind, und dies würde man in der Tat annehmen müssen, sobald sich dadurch die Erscheinungen auf einfachere Weise erklären ließen." In erkenntnistheoretischer Hinsicht ist noch eine andere Bemerkung interessant. Riemann fragt sich, in welchem Grade und in welchem Umfange die Voraussetzungen der Geometrie durch die Erfahrung verbürgt werden. „In dieser Beziehung findet zwischen den bloßen Ausdehnungsverhältnissen und den Maßverhältnissen eine wesentliche Verschiedenheit statt, insofern bei ersteren, wo die möglichen Fälle eine diskrete Mannigfaltigkeit bilden, die Aussagen der Erfahrung zwar nie völlig gewiß, aber nicht ungenau sind, während bei letzteren, wo die möglichen Fälle eine stetige Mannigfaltigkeit bilden, jede Bestimmung aus der Erfahrung immer ungenau bleibt." Poincaré und noch entschiedener H. Schlick haben das Verständnis des Verhältnisses zwischen der verschwommenen Wirklichkeit und der exakten Begriffswelt geradezu auf diese Bemerkung Riemanns über die Analysis situs gründen wollen.[32]

---

[32] Schlick, Allgemeine Erkenntnislehre (Berlin 1918), pp. 117–128.

Die metrisch inhomogenen Räume werden nicht mehr beherrscht von dem gruppentheoretischen Gesichtspunkt. Die für die allgemeine Relativitätstheorie charakteristische Gruppe aller (stetig differentierbaren) Transformationen ist begründend nur für die Analysis situs, nicht für die nach Einstein in der Welt geltende Riemannsche Geometrie. Nur im Unendlichkleinen behält die alte Frage ihren Sinn. Da aber der im Punkte P tangierende Vektorraum (von welchem man reden kann, vorausgesetzt daß die zwischen zwei Koordinatensystemen vermittelnden Transformationsfunktionen nicht bloß stetig, sondern auch stetig differenzierbar sind, vergl. dazu die Bemerkungen auf p. 12) ein zentrierter affiner Raum ist, handelt es sich hier von vorn herein nur um Gruppen homogener linearer Transformationen. Und man hat sich zu fragen, durch welche inneren Eigenschaften unter diesen Gruppen, die sämtlich Untergruppen der vollen „linearen Gruppe" sind, die euklidische Drehungsgruppe ausgezeichnet ist. Die Antwort von Helmholtz und Lie, welche mit der Homogenität des Raumes steht und fällt, kommt jetzt nicht mehr in Frage; sie ist zudem auf den definiten Fall beschränkt, während die metrische Fundamentalform in der vierdimensionalen Welt nicht definit ist. Das neue gruppentheoretische Raumproblem, das vom Standpunkt der Relativitätstheorie an Stelle des Helmholtz-Lie'schen tritt, glaube ich in meiner Schrift „Mathematische Analyse des Raumproblems" (1923, Vorlesung 7 und 8) formuliert und gelöst zu haben.

Ich nehme an, es habe einen Sinn, den Vektorkörper in P *kongruent* auf sich selber zu beziehen und kongruent nach einem beliebigen Nachbarpunkte P' zu verpflanzen. Die kongruenten Abbildungen des Vektorkörpers auf sich selber bilden eine Gruppe $\mathfrak{G}$. Die zu den verschiedenen Punkten P gehörigen Gruppen $\mathfrak{G}_P$ sind zueinander ähnlich; darin kommt zum Ausdruck, daß die *Natur* der Metrik an jeder Stelle des Raumes die gleiche ist, sie gehört zum apriorischen Wesen des Raumes. Zufällig, von der Materie abhängig bleibt die gegenseitige „Orientierung" dieser Gruppen in den verschiedenen Punkten und damit auch der metrische Zusammenhang, die kongruente Verpflanzung des Vektorkörpers von Punkt zu Punkt. Das entscheidende Postulat, das sich an die Natur der Gruppe $\mathfrak{G}$ richtet, ist nun jenes Prinzip, das oben als Schlußstein im Gebäude der reinen Infinitesimalgeometrie bezeichnet wurde: Wie auch der an sich willkürliche metrische Zusammenhang fixiert sein möge – ist dies einmal geschehen, so bestimmt das metrische Feld eindeutig den affinen Zusammenhang. Ich will hier nicht wiederholen, wie dieses Postulat streng zu fassen ist und wie es sich in rein algebraische Forderungen an die infinitesimalen Operationen der Gruppe umsetzt. Jedenfalls konnte ich beweisen, daß allein die euklidische Drehungsgruppe der ausgesprochenen Forderung genügt – wobei nun aber, wie es sein muß, der Trägheitsindex unbestimmt bleibt. – Der neue Ansatz des Raumproblems beruht, wie man sieht, auf einer Scheidung zwischen dem, was einfürallemal fest und absolut gegeben, und dem, was an sich zufällig und beliebiger Veränderungen fähig in der Wirklichkeit kausal an die Materie gebunden ist. Ich habe die beiden Bestandteile als a priori und a posteriori bezeichnet; das ist (von einer angenommenen physikalischen Theorie aus) ein sehr scharf zu fassender Gegensatz, den ich anstelle des durch dieselben Worte gekennzeichneten Kantischen setzen möchte, der aber nicht wie der Kantische die Erkenntnisherkunft betrifft. Das Grundpostulat führt genau auf jene vom Verf. herrührende erweiterte metrische Geometrie, von der früher die Rede war; jede nähere Bestimmung der in ihr auftretenden Zustandsgrößen, etwa ihre Einschränkung zur Riemannschen Geometrie oder gar zur euklidischen (spezielle Relativitätstheorie), könnte danach nur verstanden werden als Ausfluß der – im Vergleich zur Natur des Raumes – zufälligen, der „a posteriori" geltenden Naturgesetze oder gar der zufälligen in der Welt herrschenden Materieverteilung. – Die allgemeine mathematische Frage nach der einfachen Kennzeichnung der infinitesimalen Drehungsgruppe ist von mir in einer anschließenden Arbeit behandelt worden.[33]

Eine weitgehende Verallgemeinerung erfuhr die Infinitesimalgeometrie durch Cartan.[34] Da der Beitrag von Herrn J. A. Schouten dieser Untersuchungsrichtung ausführlich nachgeht, kann ich mich darauf beschränken, die Stellung anzugeben, die ihr meiner Meinung nach im Rahmen des Ganzen zukommt. Cartan ersetzt den tangierenden Vektorraum durch einen beliebigen homogenen Raum. Es sei 𝔊 irgend eine kontinuierliche Transformationsgruppe in m Variablen; nach dem Klein'schen Prinzip kennzeichnet sie einen homoge-

---

[33] Math. Zeitschr. 17 (1923), pp. 293–320.
[34] Einen Bericht darüber hat Cartan dem Mathematikerkongreß in Toronto (August 1924) erstattet: L'Enseignement math. 24 (1924/25), p. 5.

nen Raum, den „&-Raum". Mit einem Koordinatensystem ξ in ihm sind alle diejenigen gleichberechtigt, welche daraus durch die Transformationen von & hervorgehen. Cartan legt eine beliebige n-dimensionale Mf M zugrunde; jedem Punkte P derselben sei ein homogener &-Raum R_P zugeordnet. Man sieht, dieser Ansatz ist so allgemein, daß er beliebige Gruppen zuläßt, für die zugeordneten homogenen Räume die ganze Weite des Erlanger Programms offenhält. Doch ist zu sagen, daß die Cartan'sche Fragestellung nicht die einzelne Mf für sich betrifft; denn der Tangentenraum ist nun einmal unter allen Umständen ein zentrierter affiner Raum, und darum kommen für ihn von vorn herein nur die Untergruppen der vollen linearen Gruppe in Frage, nicht aber solche umfassenderen Gruppen wie etwa die projektive oder die konforme. Der Gegenstand von Cartans Untersuchung ist vielmehr die Mannigfaltigkeit M mit dem System von homogenen Räumen, die den einzelnen Punkten der Mf zugeordnet sind und alle die gleiche Homogenitätsgruppe besitzen. Ihre Dimensionszahl m braucht mit der Dimensionszahl n von M nicht übereinzustimmen. Eine „lineare Übertragung" in diesem Gebilde liegt vor, wenn der Raum R_P auf den zum beliebigen unendlich benachbarten Punkte P' gehörigen Raume $R_{P'}$ durch eine infinitesimale, von der Verrückung $\overrightarrow{PP'}$ mit den Komponenten $(dx)^i$ linear abhängende, Operation der Gruppe & bezogen ist. Verfolgt man längs einer geschlossenen, von P ausgehenden und nach P zurückkehrenden Kurve $\mathfrak{C}$ die Übertragung von Punkt zu Punkt, so geht schließlich der Raum R_P im Endzustand aus dem Raum R_P im Anfangszustand durch eine der Kurve zugehörige Transformation $t_{\mathfrak{C}}$ der Gruppe & hervor. Es ist insbesondere leicht, diejenige infinitesimale zu & gehörige Abbildung explizite anzugeben, die so dem Umfahren eines unendlichkleinen parallelogrammartigen Flächenelements korrespondiert; das ist das Analogon der Riemannschen Krümmung (des Wirbels) in Cartans allgemeiner Infinitesimalgeometrie. Und darauf beruht wohl überhaupt die mathematische Bedeutung seines allgemeinen Schemas: es erreicht den natürlichen weitesten Umfang der Begriffsbildung, welche die Aufstellung einer Krümmungstheorie analog der Riemannschen noch ermöglicht.

Den näheren Anschluß an das Musterbeispiel der Mf mit ihren tangierenden Vektorräumen kann man nachträglich durch Einführung von „Deckungsbeziehungen" zwischen M und R_P erreichen. Die Deckungsbeziehung 0ter Stufe (oder Zentrierung) besteht darin, daß der Raum R_P mit einem Zentrum O ausgestattet wird, das sich definitionsgemäß mit dem Punkte P von M „in Deckung befindet". Man wird dann die Koordinaten ζ im Raume R_P so normieren, daß sie im Zentrum verschwinden, und als gleichberechtigte Koordinaten stehen nur noch diejenigen zur Verfügung, die daraus *durch alle O festlassenden Transformationen von* $\mathfrak{G}$ hervorgehen. Eine Deckbeziehung 1ter Stufe bildet die auf M gelegene unendlichkleine Umgebung des Punktes P affin auf die unendlichkleine Umgebung des Zentrums O in R_P ab (wobei natürlich O selber als Bild von P erscheint). Soll diese „Deckung" eindeutig sein, so müssen die Dimensionszahlen m und n übereinstimmen; erst hier tritt diese Forderung auf. Es ist bemerkenswert, daß Zentrierung und Übertragung eine ausgezeichnete Deckbeziehung 1. Ordnung determinieren. Dem Punkte P entspricht das Zentrum $O_P = O$ des zugeordneten homogenen Raumes R_P, dem unendlich benachbarten Punkte P' auf M das Zentrum $O_{P'}$ des ihm zugeordneten Raumes $R_{P'}$. Zufolge der Übertragung, die R_P in $R_{P'}$ verwandelt, ist aber $O_{P'}$ das Bild eines bestimmten Punktes O' in R_P. Die gemeinte Deckbeziehung 1. Stufe besteht nun darin, daß das Linienelement $\overrightarrow{PP'}$ auf M mit dem Linienelement $\overrightarrow{OO'}$ in R_P zur Deckung gebracht wird. Mit ihr, die als eindeutig vorausgesetzt wird, operiert Cartan ausschließlich. Ist M auf Koordinaten x bezogen, so wird man die Koordinaten ζ in R_P so normieren, daß 1) die ζ im Zentrum O verschwinden und 2) die unendlichkleinen Koordinaten ζ_i des Punktes O' gleich $(dx)^i$, den Koordinatendifferenzen von P' und P auf M, werden. Im Rahmen der durch die Gruppe $\mathfrak{G}$ gelassenen Freiheit ist dadurch aber im allgemeinen das Koordinatensystem ζ noch nicht vollständig fixiert, d.h. der Raum R_P ist nicht reines Erzeugnis der Mf M (wie der Tangentenraum), er erfordert noch außerhalb von M liegende Bestimmungsgründe. Solange das der Fall ist, kommt das Cartan'sche Schema nicht als Theorie einer einzelnen Mannigfaltigkeit und darum auch nicht als weltgeometrische Grundlage für die Physik in Frage. In dem genauer untersuchten Falle, wo $\mathfrak{G}$ die projektive und die konforme Gruppe der Möbius'schen Kugelverwandtschaften ist, ergaben die Krümmungsgrößen nun wohl die Möglichkeit einer weiteren Normierung; doch führte sie zu der schon früher behandelten projektiven und konformen Geometrie zurück, die durch Abstraktion aus der affinen und der metrischen gewonnen wurden. Bei einer parameterreichen Gruppe $\mathfrak{G}$ kann man daran denken, die weitere Normierung durch Deckungsbeziehungen höherer Ordnung herbeizuführen; der Raum R_P wäre dann nicht mehr als Tangentenraum, sondern als oskulierendes Gebilde höherer Ordnung zu deuten.

Ich bin am Ende meines Berichtes angelangt. Ein mächtiger Körper geometrischer Ideen steht vor uns, die sich alle durch einen typischen infinitesimalen Zug abheben von der älteren, auf die elementare Geometrie gerichteten Axiomatik. Dieser älteren Zeit gehörte noch Lobatschefskij an; aber er bereitete den modernen Ideen den Weg.

Mathematics and the laws of nature*

Knowledge in all physical sciences – astronomy, physics, chemistry – is based on observation. But observation can only ascertain what is. How can we predict what will be? To that end observation must be combined with mathematics.

One of the ancient Greek philosophers, Anaxagoras, first explained solar and lunar eclipses by means of the shadows of moon and earth intercepting the rays of the sun. You may say that he applied the idea of perspective to the heavenly bodies. Just a few years before, perspective had begun to be used for the stage decorations in the Athenian theater. Anaxagoras had the imagination to see something in common between stage decorations and eclipses. What made his approach possible? First this: that the Greeks had developed geometry as a mathematical science proceeding by pure reasoning from a few basic laws or axioms. "Through two distinct points there goes one and only one straight line" is one of these axioms that everybody takes for granted. Geometry had made the behavior of straight lines predictable. The second prerequisite for Anaxagoras' achievement is the conception of light rays as the agents that carry messages from the object to our eyes and thus give rise to our visual image of the object. This conception is purely hypothetical – a flash of genius as it were.

Third: a mathematical theory of light rays, namely that they are straight lines. That theory is suggested by experience. By combining these three ingredients – geometry, the conception of light rays, and the theory that they are straight – one can account for all the familiar facts of shadows and perspective.

---

* This is the transcript of a radio talk broadcast by Hermann Weyl in the intermission program of the New York Philharmonic Symphony on 23 February 1947. According to Weyl, it is a contemplative analysis, not a narrative. Ed.

It is on the same theoretical foundation that a surveyor determines the distance of a remote object: he measures his base and certain angles and then draws his conclusions by means of the geometry of light rays. In very much the same way Anaxagoras made his indirect measurement of the moon's distance from us. That distance is certainly not directly measurable by tapeline. With this example in mind you will understand the following general statements: All indirect measurements, like that of the distance of the moon, are ultimately anchored in direct measurements. The link between the indirect and the direct measurements must be furnished by theory – in this case by the theory of perspective. A theory makes good when all indirect measurements based on it check. This is a methodic principle of paramount importance.

Anaxagoras could have carried out his construction with pencil on paper, or rather with a reed on papyrus. But diagrams thus drawn are far too inaccurate for the purposes of astronomy.

Numbers on the other hand are capable of truly unlimited accuracy, and the use of numbers instead of geometric diagrams becomes indispensable anyhow as soon as time and such entities as mass, electrical charge, force, temperature have to be dealt with. The latter are all measurable quantities, though accessible to indirect measurement only. It was Galileo who said: "Measure what is measurable, and make measurable what is not so."

Mathematicians got along with geometry all right, but with the numbers they really come into their own. For the sequence of the natural numbers, 1, 2, 3, … is our minds' own free creation. It starts with 1, and any number is followed by the next one. That is all. According to this simple procedure the numbers march on towards infinity. 2 is the number that follows 1, 3 the number that follows 2, etc. Nothing else. You know very little about Henry VIII when you know that he followed Henry VII on the English throne. But you know all about 8 when you know that it follows 7. Man has his substantial existence; the words of our language have meanings with shifting subtle nuances; the tones of our musical compositions have their sensuous qualities. But numbers have neither substance, nor meaning, nor qualities. They are nothing but marks, and all that is in them we have put into them by the simple rule of straight succession.

It is therefore no wonder that we can predict what they do: for instance, that 7 plus 5 makes 12, or that an even number is always followed by an odd one. But do not imagine that all arithmetical laws are that trivial. As a matter of fact the mathematicians have been busy for many generations to discover more and more profound and universal laws, and they find that every progress raises new problems. I think the difficulty of their task is mainly due to the fact that the sequence of numbers is infinite.

After this digression about mathematics I resume my story. Passing on from Anaxagoras, and skipping 2000 years, I come to Kepler. He established his famous three laws about the motion of the planets. The only one that concerns us here is his first law: The planetary orbits are ellipses with the sun as their common focus. The Greek mathematicians had come upon the ellipses as the simplest curves after the straight lines and circles. Kepler had first tried circles; they did not fit the observations. He then turned to the only slightly more complicated ellipses and they fitted; they did so to an extraordinary degree of accuracy, and have not ceased to do so up to this date. Three remarks are here in order.

First: Kepler could not derive his laws from observation; for observation indicates merely the varying direction of the line joining our planet the earth, with the planet under observation.

Second: his idea of the elliptic orbit depended on the preliminary discovery of the ellipses by the Greek mathematicians.

Third: whatever the observations are, they could always have been fitted by a suitable curve; the point is that a vast number of detailed observations fit with such a simple curve as the ellipse. Kepler shared with Pythagoras and his followers a deep belief in the harmony of the universe. But for the Pythagoreans this was a sort of mystic creed. With Kepler it became a fact, in my opinion the most important fact we know about the universe. I formulate it this way: There is inherent in nature a hidden harmony that reflects itself in our minds under the image of simple mathematical laws. That then is the reason why events in nature are predictable by a combination of observation and mathematical analysis. Again and again in the history of physics this conviction, or should I say this dream, of harmony in nature has found fulfillments beyond expectation.

Now I can be brief. The conceptual basis of Kepler's theory was still the same as with Anaxagoras. Galileo, the father of modern science, brought in a new conception: he visualized motion as a struggle between inertia and force. A moving body has mass and

45

momentum, and is acted upon by forces. This conception has remained the firm foundation of our physical understanding to this day, unshaken even by atomic and quantum physics.

And so has his basic law: Force changes momentum at a rate equal to the force. Rate of change is a mathematical notion that is defined in calculus. Newton added the idea of a universal force of gravitation acting between any two mass particles. His dynamical law of gravitation, the simplest that algebra can devise, is essentially simpler than the medley of Kepler's three kinematical laws, but covers and predicts a far wider range of phenomena with the minutest accuracy. Again we find the three characteristic features: the necessary mathematics, here calculus and algebra, developed beforehand by the mathematicians; a basic conception about the nature of things; and a theory expressed in terms of both. Many more illustrations could be adduced from modern physics. Digging for the roots of the phenomena we drive the spade deeper and deeper. Galileo and Newton reached a deeper layer than their predecessor Kepler, and we continue their labors. But thereby the gap between theory and observation becomes ever wider. Mathematics has to work harder and harder to bridge this gap. Newton himself was held up by a mathematical difficulty of this sort for twenty years.

A peculiar situation prevails in quantum physics: The mathematical apparatus, in terms of which Schrödinger expressed the basic law of quantum physics, had indeed been developed by the mathematicians beforehand – as in the other cases we discussed.

But the stimulus to this mathematical development had originally come from a ground where music and physics meet, the acoustics of vibrating bodies. Studies undertaken to understand musical harmony have thus finally enabled us to understand the richest harmony in the visible world – that of the spectral lines emitted by radiating atoms.

K. Chandrasekharan (Ed.)

Hermann Weyl
1885–1985

Centenary Lectures delivered by C. N. Yang,
R. Penrose, A. Borel at the ETH Zürich

1986. 1 portrait, 37 figures. VII, 119 pages. Hard cover
DM 64,-. ISBN 3-540-16843-5

Contents: *H. Ursprung:* Opening Address. – Hermann
Weyl Centenary Lectures: *Chen Ning Yang:* Hermann
Weyl's Contribution to Physics. *R. Penrose:* Hermann
Weyl, Space-Time and Conformal Geometry.
A. Borel: Hermann Weyl and Lie Groups. Hermann
Weyl Memorabilia. – Appendix: Report on the Cele-
bration. List of Publications by Hermann Weyl.

This volume contains the text of the Hermann Weyl
Centenary Lectures delivered at the ETH Zürich
during 1985. Masterly accounts of some of Weyl's
remarkable contributions to mathematics and physics
are here given by Chen Ning Yang, Roger Penrose,
and Armand Borel. Among the subjects they deal with
are gauge theory, relativity theory, conformal geometry, and Lie groups. The interaction between pure
mathematics on the one hand, and theoretical and
experimental physics on the other, is described here in
clear and concrete terms, as a continuing phenome-
non, and living fact, involving the fruitful combination
of physical observation with mathematical construction. Also included in this volume are an evocative
portrait of Hermann Weyl's personality, by his son
Michael, as well as a list of all of Weyl's published
papers, books, and (mimeographed) lecture notes.
This is an invaluable guide to the understanding of
Weyl's rôle as a universal mathematician in an era of
increasing specialization. It is also an indispensable aid
to historians of science and learning.

Springer-Verlag
Berlin Heidelberg New York
London Paris Tokyo

H. Weyl

Raum
Zeit
Materie

Vorlesungen über
allgemeine Relativitätstheorie

Herausgeber: **J. Ehlers**

7. Auflage. 1988. 23 Abbildungen. XVI, 349 Seiten.
(Heidelberger Taschenbücher, Band 251). Broschiert
DM 38,–. ISBN 3-540-18290-X

Hermann Weyls Buch **„Raum, Zeit, Materie"** besitzt
gegenüber anderen Darstellungen der allgemeinen
Relativitätstheorie mindestens zwei wichtige Vorzüge:
Als erstes Lehrbuch der noch neuen Theorie setzt es
sich gründlicher als spätere Bücher mit den historischen Wurzeln und den sachlichen Motiven auseinander, die zur Einführung der damals neuen Begriffe wie
Zusammenhang und Krümmung in die Physik
geführt haben. Zweitens ist es von dem vielleicht
letzten Universalisten geschrieben worden, der alle
wesentlichen Entwicklungen der Mathematik und
Physik seiner Zeit nicht nur überblickte, sondern in
wesentlichen Teilen mitgestaltete. Für ein gründliches
Verständnis der modernen Eichtheorie ist Weyls
Buch immer noch eine wichtige Grundlage.
Die neue Auflage unterscheidet sich von der voran-
gehenden durch Wiederaufnahme einiger Teile
früherer Auflagen und Ergänzungen und Hinweise
des Herausgebers Jürgen Ehlers auf spätere Entwicklungen.

Springer-Verlag
Berlin Heidelberg New York
London Paris Tokyo

Springer